実装 強化学習

Cによるロボットプログラミング

伊藤 一之［著］

はじめに

昨今は，第3次人工知能ブームと呼ばれ，人工知能の実用化による日常生活の革新的変化への期待が急速に高まってきている．例えば，自動車やドローンの自動操縦から，自律ロボットによる日常生活の支援に至るまで，様々な形で人々のサポートを自律的に行うことが可能なインテリジェントシステムの実現が構想されている．

またその一方で，人工知能の危険性についての議論も盛んに行われており，知能化されたシステムが自律的に動き出し，人類を駆逐するのではないかとの危惧も囁かれている．

しかし，これら人工知能の両側面に関する議論に共通する最も大きな問題点は，実際の人工知能の仕組みを理解することなく，多くがイメージ先行で語られていることである．まるでSFの世界を語るかのような根拠の希薄な情報をもとに将来予測が行われ，それに基づいて重要な意思決定が行われようとしている．

革新的なシステムの開発に当たっては，その実現可能性を踏まえた慎重な議論がなければ，ある種の投資を装った詐欺と本質的には変わらないものになりかねない．また，人類滅亡など，架空の刺激的な危険性にばかりに目が奪われ，実際に起こりうる現実的な脆弱性が見落とされるようなことがあっては本末転倒である．

このように，将来を担うエンジニアにとって，現状を正しく認識し，地に足の着いた開発を続けていくことは，今後ますます重要になっていくと考えられる．

本書は，これからロボットやシステムの知能化を行おうと考えているエンジニアや，将来，研究者やエンジニアを目指す，高専・大学の理工系学生を対象として，システムを知能化する仕組みを実際のプログラミングを通して理解してもらうことを想定し，強化学習のアルゴリズムを独学で一からプログラムすることができるよう内容を構成した．

したがって，本書では，人工知能や情報工学に関する事前知識を前提とせず，専門的すぎる記述はできる限り避け，図や実際のプログラムをもとに具体的に解説するよう心掛けた．また，実行可能なプログラムのソースコード全体を掲載し，C 言語に関する基礎的な知識さえあれば，自身で強化学習のプログラムを実行し，その動作を確認できるよう配慮した．

なお，本書で掲載しているプログラムはすべて，株式会社オーム社のホームページ（https://www.ohmsha.co.jp/）において配布されている．必要に応じて利用されたい．

本書を通して，乱数と簡単な手続きの組み合わせで，自律的に学習を行うプログラムを，非常に簡単に実現することが可能であり，人工知能とは，現在イメージされているような，得体の知れない不思議な存在ではないことが読者に伝えられれば幸いである．

また，本書は，強化学習の入門書であるとともに，実践の書でもある．本書では，仕組みを理解するだけではなく，読者自身がプログラムを実装できるよう心掛けた．本書が，様々なシステムを知能化するための一助となれば幸いである．

最後に，本書出版の機会をいただき，また，出版にあたりご尽力いただきました株式会社オーム社の皆様に深く感謝いたします．

2018 年 11 月

伊　藤　一　之

プログラム作成上の注意

本書では，読者が例題をそのまま実行できるようプログラムをすべて掲載した．ただし，説明および印刷の都合上実際のプログラムと紙面の表示とが異なる部分があるので，以下の 2 点について注意されたい．

1. 行番号：ソースコード内に表示されている行番号は，説明のために付加したものであり，実際のプログラムには記述してはならない
2. 改行：行番号の振られていない行が存在するが，これは，印刷の都合上改行して表示している部分であり，実際のプログラムでは改行してはならない．

なお，プログラムの電子データは，株式会社オーム社のホームページ（https://www.ohmsha.co.jp/）からダウンロードできるので，必要に応じて利用されたい．

目　次

第1章

人工知能とロボット

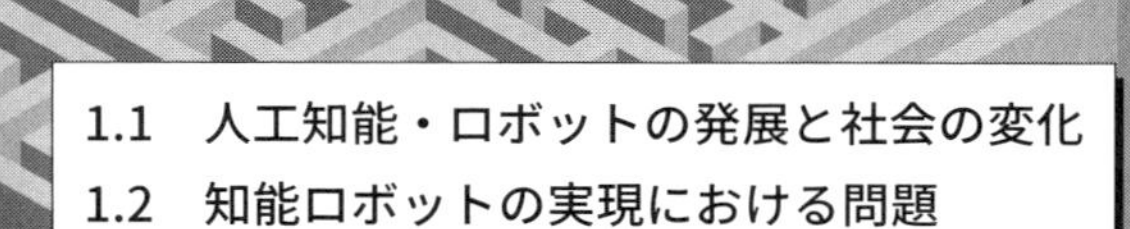

1.1　人工知能・ロボットの発展と社会の変化

そもそもロボットという言葉の語源は，強制労働を意味するrobotaや，労働者を意味するrobotnikであるといわれており，ロボットが工学的に実現されるずっと以前に，人間に代わって労働を担うものとして戯曲に登場している[1-1]．このように，ロボットはその概念が生まれた当初から現在に至るまで，肉体労働を人間にとって代わって行うことが期待されており，AI（人工知能）が高度に発達した近未来には，ロボットにAIを搭載することで，人間の肉体労働の多くが取って代わられると危惧されている．しかし，この危惧はどこまで現実に即しているであろうか．確かに，現在，工場では様々な産業用ロボットや産業用機械が活躍しており，大量生産される工業製品の多くは，機械により自動的に製造されている．しかしその一方で，工場の外に目を向けてみると，現状では，ロボットの活用がほとんど見られない．

図1.1は，ある小売りチェーン店の仕事とデータの流れを簡略化して表したものである．この流れでは，「客が陳列棚から商品を取り出し，レジに運ぶ」，「店員がレジで商品の情報をバーコードなどで読み込み，袋に入れる」，「客がお金を

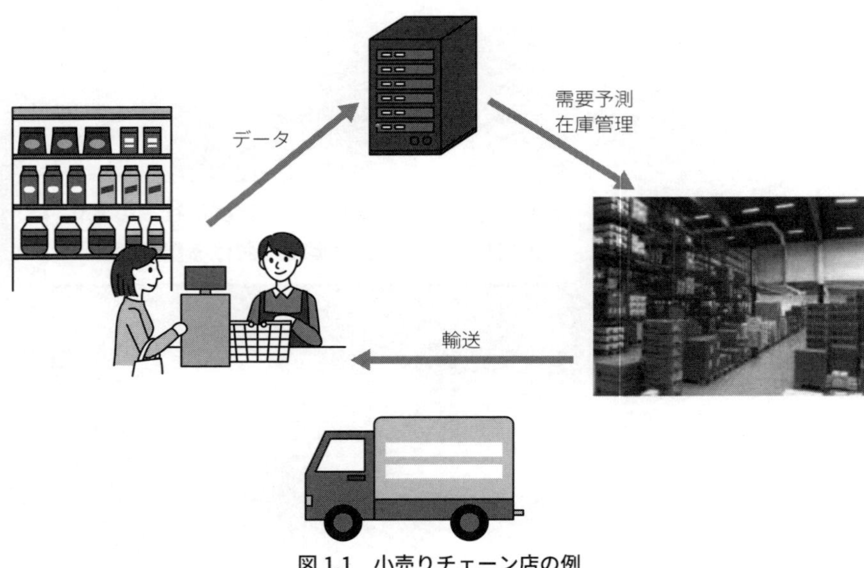

図1.1　小売りチェーン店の例

払う」,「レジがお釣りの計算をして，店員がお釣りと商品の袋を客に渡す」,「レジで収集された情報はデータセンターに渡され，データセンターで売れ筋商品など，各店舗に合わせて需要予測が行われる」,「商品は，データセンターの需要予測を用いて各店舗に効率よく届けられる発送の計画がされる」,「計画に基づいて，人間がトラックに商品の積み下ろしを行う」,「ナビの指示で，人間がトラックを運転して商品を各店舗に運ぶ」,「情報センターのPCがデータから割り出した結果をもとに，陳列場所を決める」,「店員が陳列する」などが行われる．

ここで，商品の受け渡しや積み下ろし，お金の受け渡し，トラックの運転など，肉体労働は人間が担っているにも関わらず，お釣りの計算，データ解析による需要予測，陳列場所の決定，ナビによるルート探索など，頭脳を使う部分は，以前にくらべPC（AI）に置き換わってきていることが分かる．これは，見方を変えれば，現在では気づかぬうちに，AIの指示のもとに人間が肉体労働を担うような構図になってきており，これまで描かれてきた，人間の指示のもとでロボットが肉体労働を担うという想定とは逆の方向に進んできているといえる．

このような方向へ進んできている原因は，現在のAIが得意としいている機能と，ロボットを日常生活で自律的に制御する際に必要とされる機能とが異なっているためである．現状では，AIは多数のデータから有用な情報を抜き出したり，限定された状況の中から最適な解を見つけ出したりする機能に関しては，すでに人間を超えているといわれている．一方，日常生活のように，様々な事象が発生する複雑な環境においてロボットが適応的に振る舞うことは極めて困難であり，これを解決するため，現在も盛んに研究が行われている．次節では，数々の問題の中から代表的な2つの問題を取り上げ解説する．

1.2　知能ロボットの実現における問題

知能を持ったロボットを実現するためには，未だに，解決しなければならない問題が多く残されており，現在も研究が続けられている．これらは，研究分野によって様々な形で表現されているが，本節では，その中から代表的な問題として，フレーム問題ならびに記号接地問題について説明する．なお，これらの問題についても，完全な解決策は見つかっていないが，フレーム問題は 4.3 節で取り上げるように身体と環境との相互作用を利用することで，記号接地問題は，ロボットを用いて学習を行うことで，それぞれ一部分が解決可能であり，今後の進展が期待されている．

1.2.1　フレーム問題

実生活で活動するロボットには，必ず限られた時間内に必要な行動を完了させなければならないという実時間の制約が伴う．例えば，車に轢かれそうな場合には，車が自身に接触する前に「避ける」という動作を完了させなければならない．一方，実際の環境は非常に複雑であり，この複雑な環境で適応的に振る舞うためには，極めて多くの情報を処理する必要がある．この限られた時間内に膨大な量の情報を処理しなければならないという問題は，様々な場面で様々な形で表面化するが，その一つの表現として，古くから，フレーム問題と呼ばれる，**図 1.2** に示すような例題が用いられている [1-2]．

図 1.2　フレーム問題

この例題では，台車の上に時限爆弾と電池が置かれており，電池はロボットのエネルギー源になることから，ロボットは，この電池を守らなければならない．

1号機(**図1.3**)は,電池を守るようにプログラムされている.最初に推論を行い，爆弾が爆発することで電池も被害を受けるという結果を得る．そこで，さらに推論を行い，電池を移動させる方法を求めたところ，台車を移動させれば電池も移動するという結果を得る．しかし，実際に台車を移動させたところ，爆弾も一緒に移動してしまい，結局，目的に反して，電池は被害を受けるという結果となる．

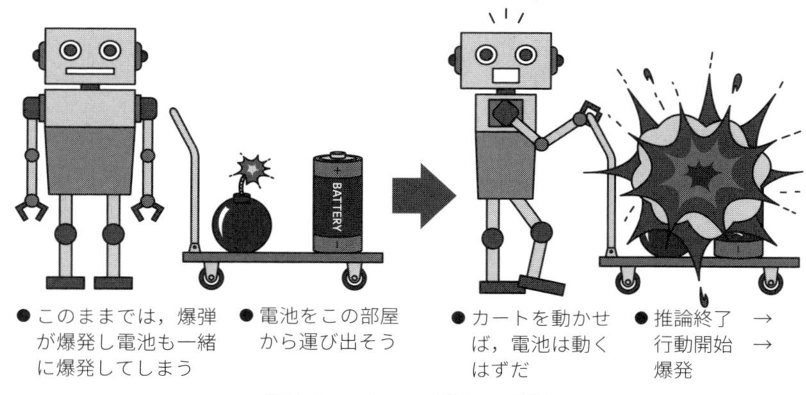

図 1.3　フレーム問題：1 号機

これは，1号機に搭載されているプログラムが，電池に直接関わる推論しか行っておらず，台車を押せば，爆弾も一緒に動くという，ロボットが行った動作によって副次的に起こる事象が考慮されていなかったためである．

そこで，2号機（**図 1.4**）では，この副次的に起こる事象もすべて考慮して行動を計画するようにプログラムを改良した．ところが，副次的に起こりうる事象は膨大な数にのぼり，すべての副次的に起こりうる事象の影響を計算しようとしているうちに，時限爆弾の時間がつきてしまい，結局，2号機は一歩も動くことなく，爆弾は爆発してしまう．2号機の問題は，台車の動きとは無関係で考慮しなくてもよいことまで計算してしまい，時間が足りなくなってしまったことである．

図 1.4　フレーム問題：2 号機

これを踏まえ，3 号機（**図 1.5**）では，考慮するべき必要のある事柄についてだけ計算することで，計算量を減らすことを考え，事前に，考慮すべき必要があるか否かを判断するプログラムを追加した．しかし，この考慮すべき必要があるか否かを判断することに非常に多くの時間が必要となり，結局，3 号機も一歩も動くことなく，爆弾は爆発してしまう．

図 1.5　フレーム問題：3 号機

このように，フレーム問題とは，ある状況のみを想定して行動を計画すると，想定されていなかった事象により失敗することがあり，ありとあらゆる状況を想定して行動を計画しようとすれば，計算時間が足りなくなり，計算量を減らすために，何を想定し，何を想定しなくてよいかを事前に判断しようとすれば，その判断のために，より多くの計算時間が必要となり，結局，どうがんばっても，適応的に振る舞うことが不可能となるという問題である．

なお，工場で働くことを想定した場合には，想定しなければならない状況は既知であるとともに，それほど多くないため，工場での作業の複雑さに対して十分な計算速度を有するコンピュータを用意しておけば，工場で起こりうるすべての事象に対して，実時間で必要な処理を完了させることが可能であり，フレーム問題は発生しない．

一方，日常生活などの実環境にロボットを適用した場合には，現在の最高水準の技術を用いたとしても，実時間に計算を完了させることはできていない．昨今，自動車の自動走行が注目されているが，自動走行実現の難しさもこのフレーム問題を用いて説明することが可能であり，高速道路などの，ある程度状況が限定された環境においては自動走行が可能であっても，一般道での自動走行が難しいのはこのためである．

現在もフレーム問題を解決するために，様々な試みが行われており，コンピュータ内で推論を行う代わりに実世界そのものを用いるという考え方が，フレーム問題を解く有力な方法の一つであると考えられている．実際，我々人間は，頭の中で推論を行わなくとも，動いている台車を見れば，爆弾と電池が一緒に動いていることに気づく．

4.3 節では，コンピュータを用いて計算量を削減する代わりに，環境とロボットの身体を用いて情報量を削減し，実環境で学習を行うロボットを紹介する．

1.2.2 記号接地問題

AI は言葉を理解できるのかという問いは，チューリングテスト[1-2]などをはじめとして，古くから議論されてきている代表的な問題の一つであり，自然言語処理が様々なところで実用化されている現在においても，今なお意見が分かれている．

通常，コンピュータは，2 進数を用いて情報を処理しており，これは，コンピュータの中では，情報は 0 と 1 という記号を用いて表されていることを意味する．また，我々人間が用いている言葉も記号であり，言葉と，0 と 1 から構成される数字列とを対応させることで，コンピュータ上で言葉を扱うことができる．現在では，電子辞書などのように，すでに膨大な量の情報が電子化されており，コンピュータを使えば，様々な言葉の意味を調べることができる．また，この電子化されたデータを用いて，受け答えを行うプログラムを作成すれば，問いかけた言葉の意味を答えてくれるAIを作ることも可能である．では，このとき，AIは言葉の意味を理解しているといえるのであろうか．

図1.6は，「すっぱい」という言葉の意味を，ある電子辞書で調べた結果である．このように，「すっぱい」の意味は「酸味がある」となり，さらに，「酸味」の意味は「すい味」となり，「すい味」の意味は「すっぱい」となりもとに戻る．このように，「すっぱい」の意味は循環定義となっており，この「すっぱい」，「酸味がある」，「すい味」の3つの言葉のうち，少なくとも一つの言葉の意味を知っていないかぎり，辞書を調べても「すっぱい」の意味は分からないということになる．AIにとっては，これら3つの言葉は，単なる0と1の数字列であり，その意味が0と1の別の数字列で表され，それが循環しているだけであるので，いくら調べ続けても，その意味は分からないということになる．

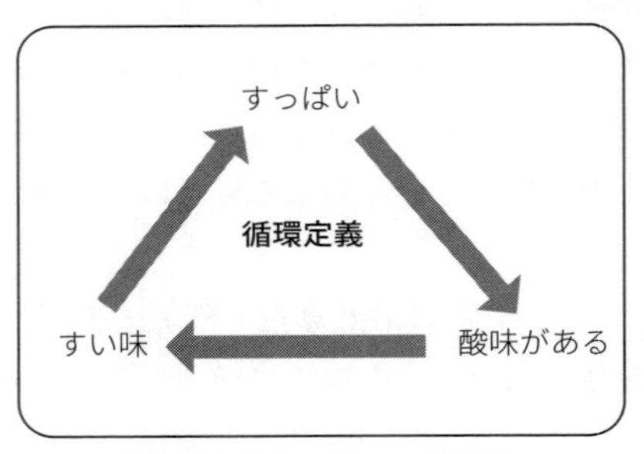

図1.6　「すっぱい」の意味

それでは，我々人間は，どのように「すっぱい」の意味を理解したのだろうか．それは，通常，すっぱいものを食べたときであり，その体験と「すっぱい」という記号とが対応し，「すっぱい」の意味を理解できるようになったと考えられる．つまり，記号に意味を与えているのは，身体を通して得られた体験であり，身体を通して環境と相互作用することで意味が生まれ，それを記号と対応させる（接地させる）ことで言葉の意味が作られている．

このため，身体を持たないAIは，環境と相互作用することが不可能であり，記号に意味を接地させることができない．これは記号接地問題と呼ばれ，AIが言葉の意味を理解できない大きな問題の一つである．知能ロボットは，ロボットがAIの身体となっており，知能ロボットに学習させることで，これを解決できる可能性がある．

　また，昨今，ビッグデータやディープラーニングの活用により，AIの認識力が大きく向上しているが，これには，人間が様々な情報をインターネットを介してデータとして提供し，それを使ってAIが学習していることも大きく寄与している．人間を含めたシステムとして考えると，あたかも人間がAIの身体として機能しているかのような構成となっており，人間の体験を集めてAIが意味を獲得していると解釈することもできる．

第2章

強化学習

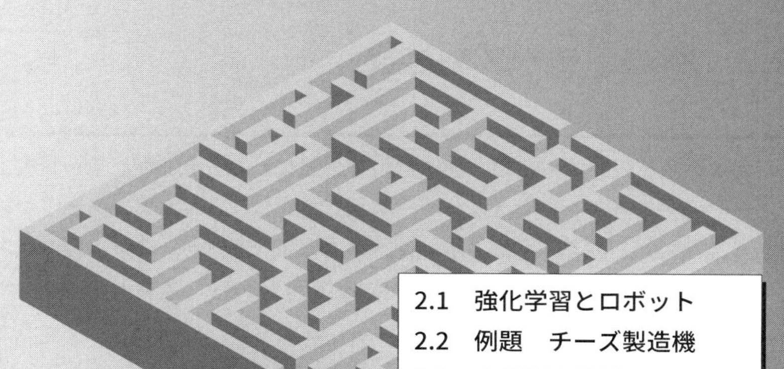

2.1　強化学習とロボット

本章では，ロボットの学習に適した学習方法として強化学習を取り上げ，そのアルゴリズムを解説する．強化学習とは，試行錯誤を通して適切な振る舞いを自ら獲得するアルゴリズムであり，行動の良し悪しをそのつど教えてくれる教師を必要としないという特徴を持つ．言い換えれば，設計者は，学習方法さえプログラミングすれば，ロボットは設計者が答えを知らない問題を自ら学習できる可能性があり，未知環境において自律的に動作するロボットの学習方法として注目されている．また，近年では，実体を持ったロボットのみならず，仮想空間上で働くエージェントの学習方法としても注目されており，ユーザーの好みやライフスタイルを学習し，状況に合わせてユーザーの必要なサービスを提供するエージェントの実現なども期待される．

本書では，簡単な例題を用いて，読者が実際にプログラミングできるよう，可能な限り詳細に実装方法を解説する．

2.2　例題　チーズ製造機

学習の手順を説明するための例題として，**図 2.1** に示すようなチーズ製造機の操作を学習するタスクを考える．チーズ製造機には，2つのボタンと1つの電球が取り付けられている．左側のボタン（ボタン1）は，チーズ製造機の電源スイッチであり，押すたびに電源の ON/OFF が切り替わる．電源の状態は，中央上部に取り付けられた電球によって確認することができ，電源が入っているときには電球は点灯し，電源が切れると電球も消灯する．右側のボタン（ボタン2）は，チーズの製造を開始するためのスイッチであり，電源が入っているときにこのボタンが押されると，チーズが取り出し口から出てくる．ただし，2つのボタンを同時に押すことはできない．

図 2.1　チーズ製造機

ここでの学習の目的は，最も効率よくチーズを取り出すためのボタンを押す順序を学習することであり，正解は，「電源がOFFのとき(電球が消灯しているとき)には，ボタン1（電源スイッチ）を押し」，「電源がONのときにはボタン2（チーズ取り出しスイッチ）を押す」ことである．

以降では，このチーズ製造機の例題を用いて学習の流れを説明する．

2.3　Q 学習の概要

強化学習の代表的なアルゴリズムとして Q 学習を取り上げ，学習方法を解説する．Q 学習では，自分が置かれている状態においてどのような行動を実行すべきかを表す政策（戦略，方策）を，試行錯誤をもとにして自ら学習する．各状態において各行動がどの程度好ましいかは，Q 値と呼ばれるスカラーの値を用いて表され，全体では，状態と行動からなる2次元の表として**図 2.2** のように表すことができる．ここで，Q 値は，値が大きいほど，その状態においてその行

負の値は好ましくないことを表す

	行動 1	行動 2	行動 3	行動 4	行動 5	行動 6	行動 7
状態 1	1	10	54	3	9	−27	8
状態 2	2	−5	5	8	25	37	6
状態 3	11	23	8	3	−7	29	83
状態 4	72	16	2	1	5	6	11

状態 4 において，行動 2 を行うことの好ましさ

値が大きい方が好ましい

図 2.2　表を用いた Q 値の表現

動が好ましいことを意味しており，逆に，値が負の場合には，実行することで好ましくない結果になることが予想される行動であることを意味する．

Q学習の目的は，実際の経験を通して，このQ値をより信頼のできる値へと更新していくことであり，マルコフ決定過程として表現可能な環境であれば，十分な試行を行うことで最適な政策を獲得可能であることが証明されている．学習完了後は，各状態において最大のQ値を持つ行動を絶えず選択して実行することで，最適な振る舞いを実現することができる．なお，最適性の証明など理論的な枠組みについては，本書の範囲を超えるため，詳細については参考文献[2-1, 2-2]などを参照されたい．

Q学習の手順を，**図2.3**および**図2.4**に示す．図2.3に示した手順が1試行であり，図2.4に示すように学習が完了するまで複数回の試行を繰り返す．報酬は正および負の両方の値をとることができ，正の報酬は好ましい事象が発生したことを，負の報酬は好ましくない事象が発生したことを表している．通常，報酬が与えられた場合には試行を終了し，初期状態から次の試行を開始する．学習の終了は，「あらかじめ決められた回数の試行を行う」，または，「成功率が目標の値に達した」などを判断基準として決められることが多い．

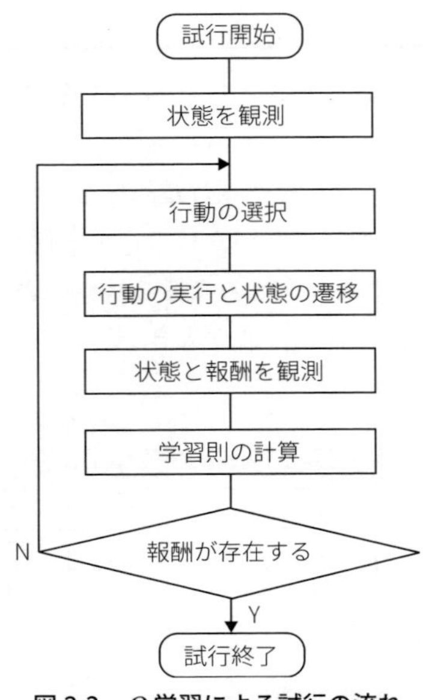

図2.3　Q学習による試行の流れ

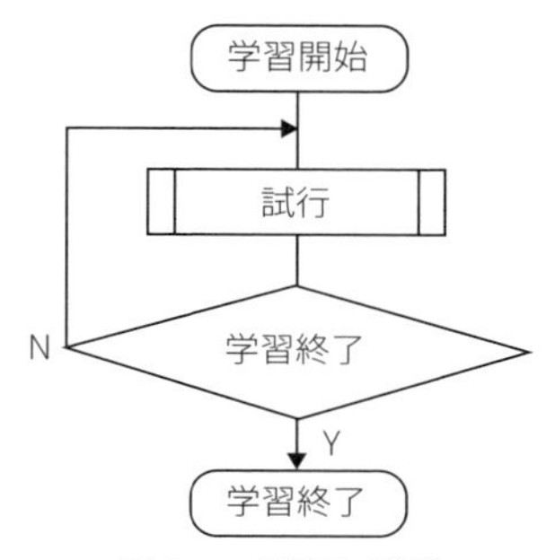

図 2.4　試行と学習

チーズ製造機の例では，状態とは，電球の ON/OFF に相当し，行動とは，どちらのボタンを押すかに相当する．初期状態では Q 値は未知であるため，通常，Q 値の初期値には，0 もしくは乱数が用いられる．その結果，学習初期の段階では，選択される行動は無意味な値に基づくものとなり，無作為にどちらかのボタンを押しているような振る舞いとなる．しかし，その無作為な動作を繰り返すうちに，偶然，チーズが出てくる状況が起こり，このチーズが報酬として認識されることで，Q 値が更新される．これを繰り返すことで，徐々に Q 値が正しい値へと更新され，最終的には，電球が消灯している状態では，ボタン 1（電源スイッチ）を押すという行動の Q 値が高い値となり，電球が点灯している状態では，ボタン 2（チーズを取り出すスイッチ）を押す行動の Q 値が高い値となる．その結果，各状態において最大の Q 値を持つ行動を絶えず選択して実行することで，チーズを最も効率よく取り出すことが可能となり，チーズ製造機の操作を学習したことになる．

各手順の詳細については次節以降において詳しく述べる．

2.4　状態・行動空間の構成

学習そのものは，試行錯誤を通して自動的に行われるが，状態および行動をどのように設定するかは，設計者が学習に先立って決める必要がある．図 2.2 に示したように，Q 学習では，この状態と行動は，離散化されたものとして扱われ，Q 学習の目的は，この離散化された各状態において，どの行動を実行すべきかを示す政策を学習することである．本書では，状態を s，行動を a，とし，Q 値を 2 次元配列 $Q(s,\ a)$ で表すこととする．また，Q 値を表を用いて表現する場合には，縦に状態を，横に行動をとった表として表現することとする．

図 2.5 に，チーズ製造機の例題に対して，状態と行動を構成した例を示す．状態は，電源の ON/OFF の 2 通りであり，これは，電球の点灯および消灯として観測することができる．また，行動は，ボタンを押すことであり，2 つのボタンがあることから，行動も 2 通りとなる．したがって，Q 値は 2×2 の配列となる．学習を始める前の段階では，Q 値は未知であるため，通常，Q 値の初期値には 0 または乱数などが用いられる．

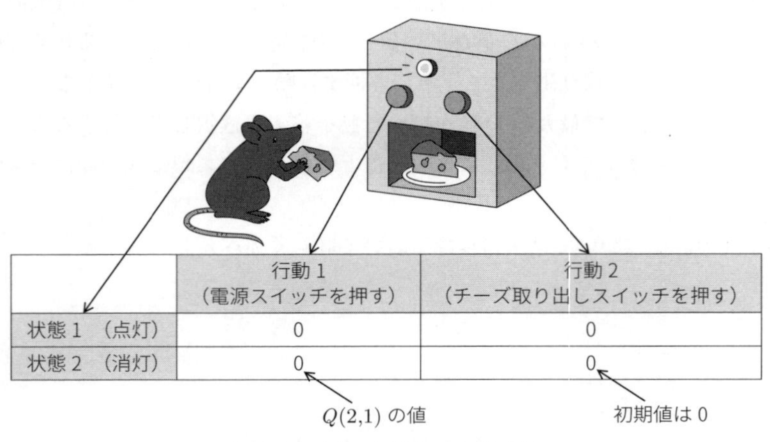

	行動 1（電源スイッチを押す）	行動 2（チーズ取り出しスイッチを押す）
状態 1（点灯）	0	0
状態 2（消灯）	0	0

図 2.5　状態・行動空間の構成例

なお，異なる状態として区別しなければならない状態を同一の状態としてしまったり，学習に必要な状態を正しく認識できない場合には，学習が進展しないため注意が必要である．例えば，チーズ製造機の例では，電球が故障していて電源の状態を正しく判別できない場合には，適切な学習を行うことができない．また，逆に，必要以上に多くの状態や行動を設定してしまった場合には，学習に必要な試行回数を増加させてしまうという問題が発生する．前者の問題は「部分観測問題」，後者の問題は「次元の呪い」または「状態爆発」などと呼ばれている[2-3, 2-4]．これらの問題を解決する試みや，状態・行動空間を自動的に構成するための研究なども行われており，興味のある方は，参考文献[2-2, 2-3, 2-4]を参照されたい．

2.5　状態の観測と行動の選択

Q 学習では，現在の状態において Q 値が最も大きい行動が最適な行動となる．例えば，**図 2.6** に示した例では，状態が 1 のときの Q 値の最大値は 100 であり，このときの行動は 2 であることから，状態 1 においては行動 2 を実行する方が好ましいということになる．

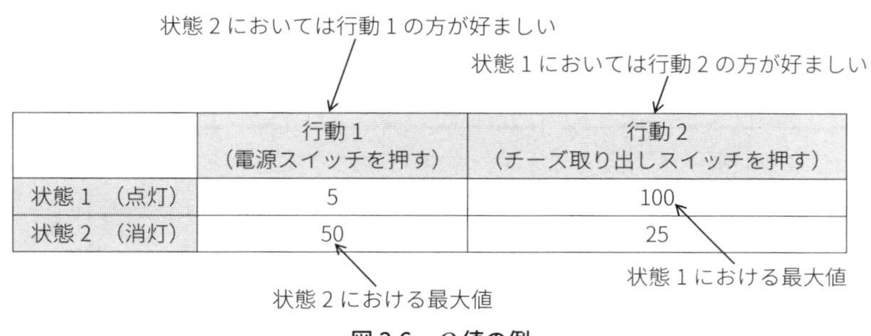

図 2.6　Q 値の例

したがって，学習が完了した段階では，各状態において最大の Q 値を持つ行動を選択すればよい．しかし，学習の途中においては，現在の Q 値が必ずしも正しい値に収束しているとは限らず，非効率な局所解に陥ってしまっている可能性がある．

そこで，通常，学習の途中では，よりよい政策を探索するために行動を確率的に選択する方法が用いられる．この方法には，ε-greedy 法，ボルツマン分布を用いた方法など様々な方法が提案されている．本書では，この中から，最も簡単な実現方法の一つである ε-greedy 法を取り上げ，実装する．

ε-greedy 法は，ある確率 ε で無作為に行動を選択し，残りは最大の Q 値を持つ行動を選択する手法である（**図 2.7**）．例えば，無作為に行動を選ぶ確率を10% とすれば，100 回の選択において，約 10 回は無作為に行動が選択され，残りの約 90 回は最大の Q 値を持つ行動が選択されることとなる．この無作為に行動を選ぶ確率を大きくすることで，より積極的によりよい政策を探索する振る舞いが現れ，逆に，小さくすることで，現在の保持している政策を利用する振る舞いが現れる．

図 2.7　ε-greedy 法の例

2.6　行動の実行と状態遷移

選択された行動を実行することで，状態は新たな状態へと遷移し，状況に応じて報酬が得られる．チーズ製造機の例では，行動 1（電源スイッチを押す）を実行するたびに，チーズ製造機の状態が，ON → OFF または OFF → ON と，行動を実行したときの状態に依存して，次の状態へと遷移する．新しい状態は，電球の ON/OFF として観測され，この新しい状態をもとに次の行動が選択され，このループを繰り返す．また，状態が 1（電源が ON）のときに行動 2（チーズ取り出しスイッチを押す）を実行することで，チーズ（報酬）が得られ，これをもとに学習が行われる．このように，実際の環境での変化は，学習器の中では，状態の遷移として表現される．

図 2.8 に，Q 学習をロボットに適用した場合の情報の流れを示す．ここで，丸が情報処理を，矢印が情報の流れを示す．

図 2.8 に示したように，選択された行動は，ロボットによって実行され，ロボットは新たな状態へと遷移し，状況に応じて報酬が与えられる．この新しい状態と報酬を用いて学習が行われ政策が改善される．再び，新しい政策に基づいて行

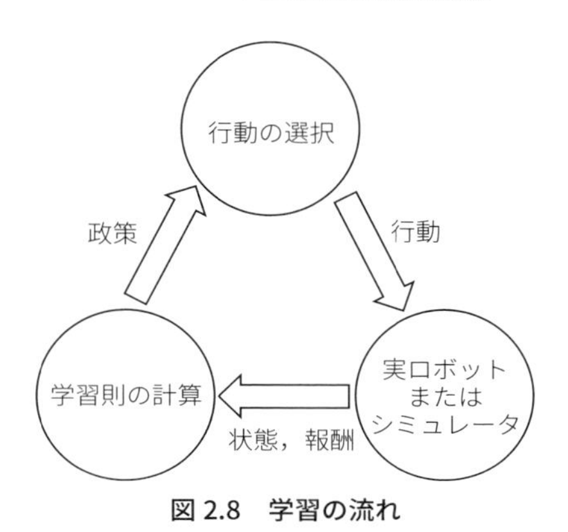

図 2.8　学習の流れ

動が選択され，以上の一連の処理が繰り返される．

次に，行動の実行方法に注目し，実際のロボットを用いて学習を行う場合と，コンピュータ上のシミュレータを用いて学習する場合の違いについて説明する．実際のロボットを用いて学習を行う場合には，行動はロボット自身の運動として実現される．したがって，ロボットの運動により実際の世界において状態が遷移するため，この新しい状態を観測することで，遷移した状態と報酬を確認することができる．一方，シミュレーションにより学習を行う場合には，ロボットの運動を再現し，適切な状態遷移を表現することができるシミュレータを用意する必要がある．シミュレータは，渡された行動をもとに，遷移先の状態と報酬を計算し，これを，学習則を計算するために学習器に渡すことで実ロボットの代わりを果たす．本書では，第 3 章でシミュレータを用いた方法を，第 4 章で実際のロボットを用いた方法を紹介する．

2.7　学習則の計算

Q 学習では，(2.1) 式を用いて学習が行われる．ここで，s は状態，a は行動，$Q(s,\ a)$ は Q 値，α は学習率 ($0<\alpha\leq 1$)，γ は割引率 ($0\leq\gamma<1$)，$r(s,\ a)$ は状態 s において a を実行した際に得られた報酬である．また，s' は，状態 s において a を実行した結果，遷移した状態であり，$\max_{a'} Q(s', a')$ は，s' における Q 値の最大値である．

$$Q(s,a) \leftarrow (1-\alpha)Q(s,a) + \alpha\{r(s,a) + \gamma \max_{a'} Q(s',a') \tag{2.1}$$

簡単にいえば，$Q(s,\ a)$ は，状態 s において行動 a を実行することがどの程度報酬の獲得に貢献するかを表す値であり，(2.1) 式は，今経験した状態遷移に基づいてその値を更新するためのものである．つまり，$Q(s,\ a)$ を，状態 s において行動 a を実行した結果得られた報酬と，遷移先の状態 s' の価値 $\max_{a'} Q(s', a')$ をもとに更新している（**図 2.9**）．

Q 学習では，マルコフ決定過程からなる環境においては，十分に学習を行ったのちに，各状態において最も大きい Q 値をとるような行動を選択することで最適な振る舞いが実現されることが知られている [2-1]．

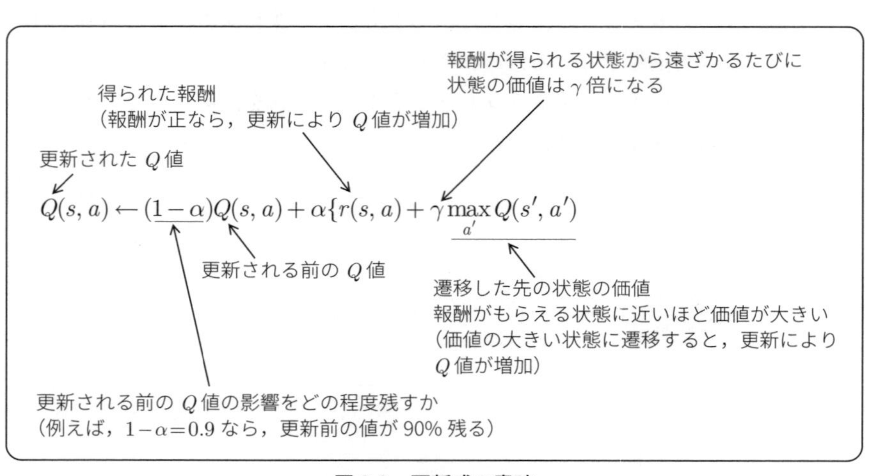

図 2.9　更新式の意味

第3章

C言語による強化学習のプログラム

3.1　チーズ製造機

3.1.1　プログラムの構成

第2章で取り上げたチーズ製造機を例にC言語を用いてプログラミングを行い，チーズ製造機の操作方法を学習させる．

プログラムの構成を**図 3.1** に示す．全体構成は main 関数と関数4つとし，ボトムアップに開発を行う．各関数については，以下の項で詳しく述べる．

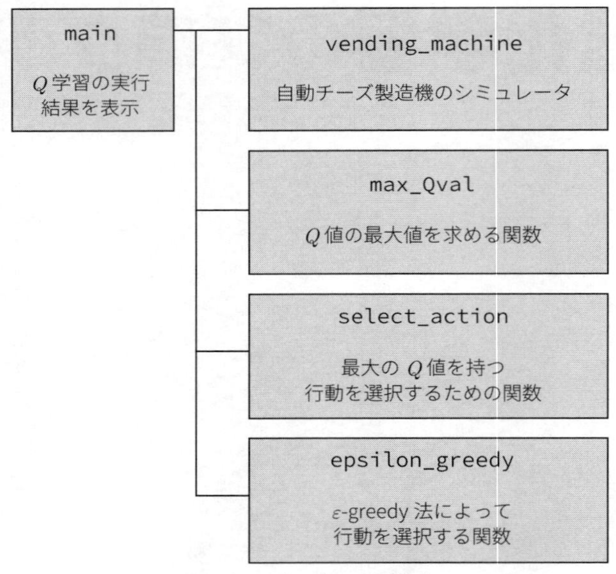

図 3.1　プログラムの構成

3.1.2　チーズ製造機のシミュレータ

本章で作成するプログラムでは，コンピュータの中で仮想的に学習を行うため，環境を再現するためのプログラムを用意する必要がある．ここでは，チーズ製造機をシミュレートするためのプログラムを作成する．

表 3.1 および**図 3.2** に変数の定義を示す．なお，C言語では，配列のインデッ

クスは0から始めるため，これに合わせ，行動および状態のインデックスは0から始まるように定義しており，第2章の説明と定義が異なる部分があるので注意されたい．

表 3.1　変数の定義

変数名	型	意　味
s	int	状態　0：消灯（電源 OFF），1：点灯（電源 ON）
a	int	行動　0：電源スイッチを押す，1：チーズ取り出しスイッチを押す
sd	int（参照）	遷移先の状態　0：消灯（電源 OFF），1：点灯（電源 ON）
reawrd	double	報酬　チーズが出てきたとき 10，それ以外のとき 0

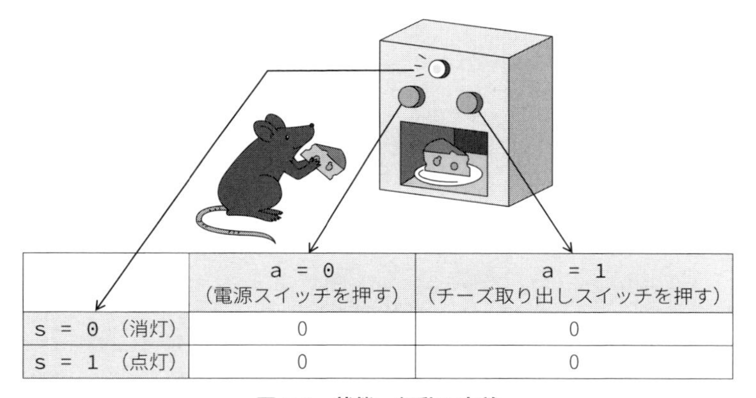

	a = 0（電源スイッチを押す）	a = 1（チーズ取り出しスイッチを押す）
s = 0（消灯）	0	0
s = 1（点灯）	0	0

図 3.2　状態，行動の定義

チーズ製造機のシミュレータにおいて実装しなければならない機能は，以下の2点である．

①電源ボタン（a = 0）が押されたら，状態のON/OFFを切り替える（sdの値を，もとのsdの値を反転させた値に設定する）．

②チーズ取り出しボタン（a = 1）が押された場合には，電源がON（s = 1）のときにはチーズを排出（reward = 10）し，電源がOFF（s = 0）のときには何も出さない（reward = 0）．どちらの場合も，電源の状態はそのままなので，遷移先の状態は現在の状態と同じ状態のままとする（sd = s）．

これをC言語で実装すると，**図 3.3** のようになる．

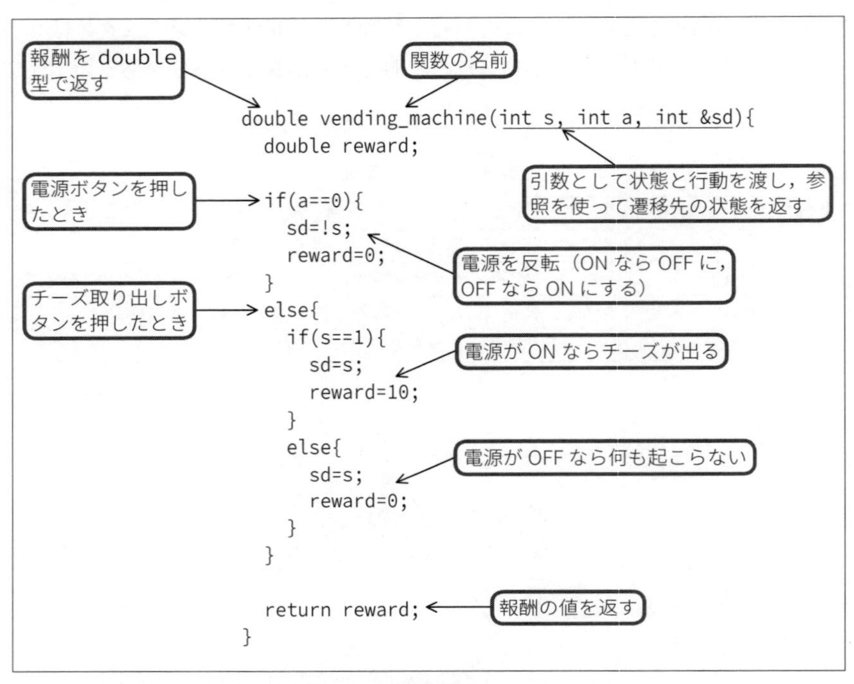

図 3.3　チーズ製造機のシミュレータ

次に，このチーズ製造機のシミュレータの動作確認を行う．そのための main 関数の例を**図 3.4** に，プログラム全体を**ソースコード 3.1** に示す．また，実行結果は，**図 3.5** のようになる．このように，各状態と行動に対して，適切な出力が返されていることが確認できる．

```
int main()
{
  int s, sd, a;
  double reward;

  s = 0;
  a = 0;          電源が OFF のときに電源スイッチを押した場合
  sd = 0;
  reward = vending_machine(s, a, sd);
  printf("s=%d, a=%d, sd=%d, r=%lf¥n", s, a, sd, reward);

  s = 1;
  a = 0;          電源が ON のときに電源スイッチを押した場合
  sd = 0;
  reward = vending_machine(s, a, sd);
  printf("s=%d, a=%d, sd=%d, r=%lf¥n", s, a, sd, reward);

  s = 0;
  a = 1;          電源が OFF のときにチーズ取り出しスイッチを押した場合
  sd = 0;
  reward = vending_machine(s, a, sd);
  printf("s=%d, a=%d, sd=%d, r=%lf¥n", s, a, sd, reward);

  s = 1;
  a = 1;          電源が ON のときにチーズ取り出しスイッチを押した場合
  sd = 0;
  reward = vending_machine(s, a, sd);
  printf("s=%d, a=%d, sd=%d, r=%lf¥n", s, a, sd, reward);

  return 0;
}
```

図 3.4 動作確認のための main 関数

```
s=0, a=0, sd=1, r=0.000000
s=1, a=0, sd=0, r=0.000000
s=0, a=1, sd=0, r=0.000000
s=1, a=1, sd=1, r=10.000000
```

図 3.5 実行例

■ソースコード 3.1　チーズ製造機のシミュレータ

```
1  #include <stdio.h>
2  #include <stdlib.h>
3  double vending_machine(int s, int a, int &sd);
4
5  int main()
6  {
7    int s, sd, a;
8    double reward;
9
10   s = 0;
11   a = 0;
12   sd = 0;
13   reward = vending_machine(s, a, sd);
14   printf("s=%d, a=%d, sd=%d, r=%lf¥n", s, a, sd, reward);
15
16   s = 1;
17   a = 0;
18   sd = 0;
19   reward = vending_machine(s, a, sd);
20   printf("s=%d, a=%d, sd=%d, r=%lf¥n", s, a, sd, reward);
21
22   s = 0;
23   a = 1;
24   sd = 0;
25   reward = vending_machine(s, a, sd);
26   printf("s=%d, a=%d, sd=%d, r=%lf¥n", s, a, sd, reward);
27
28   s = 1;
29   a = 1;
30   sd = 0;
31   reward = vending_machine(s, a, sd);
32   printf("s=%d, a=%d, sd=%d, r=%lf¥n", s, a, sd, reward);
33
34   return 0;
35 }
36
37
38
39
40 double vending_machine(int s, int a, int &sd) {
41   double reward;
42
43   if (a == 0) {
44     sd = !s;
```

```
45        reward = 0;
46      }
47      else {
48        if (s == 1) {
49          sd = s;
50          reward = 10;
51        }
52        else {
53          sd = s;
54          reward = 0;
55        }
56      }
57
58      return reward;
59    }
```

ソースコードの説明

5～35行目は，チーズ製造機をテストするためのプログラムであり，40～59行目が，チーズ製造機をシミュレートするための関数である．

最初に，チーズ製造機をシミュレートするための関数から説明する．

40行目が，この関数の宣言である．現在のチーズ製造機の状態s，実行する行動aを引数として与えることで，遷移する状態sdと，チーズが出るか否かを報酬rewardとして返す．ここで，sdは，文法上は引数として与えられているが，これは参照として与えられているため，実際には戻り値として使用されている点に注意されたい．

43～56行目は，行動に合わせ，チーズ製造機の状態を遷移させる記述である．aが0のときには，ボタン1を押すことに相当するので，44行目において，現在の状態を反転させた状態（!s）を次状態としてsdに代入することで，電球のON/OFFの切り替えを実現している．

aが1のときには，ボタン2が押されることに相当するので，状態はそのまま変化しないが，現在の状態が1，つまり，電球がONのときに限り，報酬が10となり，チーズが製造されることを表現している．

最後に，58行目で報酬を返し，関数は終了する．

次に，関数をテストするための記述について説明する．

10～14行目は，電球の消えた状態で，ボタン1を押した場合のチーズ製造機の動きをテストした記述である．同様に，16～32行目は，他のすべての状態と行動の組み合わせについてテストする記述である．これにより，チーズ製造機が正確にシミュレートされていることが確認できる．

3.1.3 Q 値の最大値を求める関数

Q 値の最大値を求める関数を作成する．Q 値は状態と行動からなる2次元配列とし，指定した状態における最大の Q 値を求める．

図3.6 にフローチャートを，**図3.7** にプログラムの作成例を示す．ここでは，指定された状態における Q 値を一つずつ比較していき，大きい方の値を残していくことで，最終的に最大値が求められるような流れとなっている．

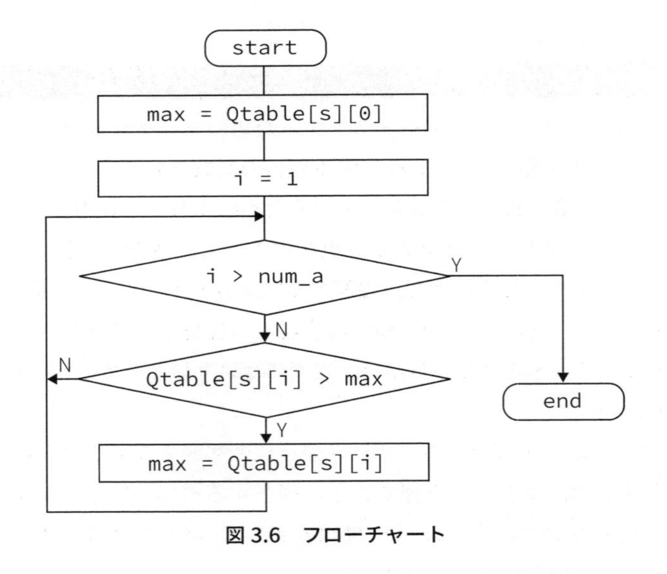

図3.6　フローチャート

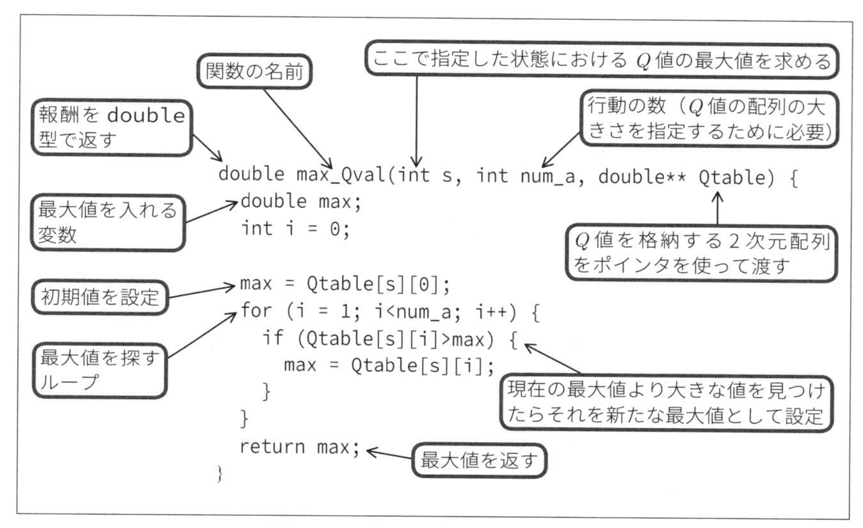

図 3.7 Q 値の最大値を求める関数

図 3.8 に関数をテストするための main 関数を，**ソースコード 3.2** にプログラムの全体を，**図 3.9** に実行例を示す．ここでは，状態数を 1，行動数を 10 として Q 値を格納する 2 次元配列 Qtable を生成し，テスト用に，上に凸の 2 次関数となる値を代入し，その最大値を求めている．実行結果から，正しい最大値が求められていることが確認できる．

```
int main()
{
  double **Qtable;          Q値を格納する2次元配列のポインタ
  int num_a, num_s;         行動の数と，状態の数
  int i, j;
  double max;               最大値

  num_a = 10;               行動の数を 10，状態の数を 1 に設定
  num_s = 1;

  Qtable = new double*[num_s];
  for (i = 0; i<num_s; i++) {           メモリ空間に2次元配列を確保
    Qtable[i] = new double[num_a];
  }

  for (i = 0; i<num_s; i++) {
    for (j = 0; j<num_a; j++) {
      Qtable[i][j] = 10*j-j*j;          テスト用のQ値を代入
      printf("Q[%d][%d]=%lf¥n", i, j, Qtable[i][j]);
    }
  }


  max = max_Qval(0, num_a, Qtable);     最大値を求める関数を呼び出す
  printf("max=%lf", max);

  for (i = 0; i<num_s; i++) {
    delete[] Qtable[i];                 メモリを解放
  }
  delete[] Qtable;


  return 0;
}
```

図 3.8　動作確認のための main 関数

```
Q[0][0]=0.000000
Q[0][1]=9.000000
Q[0][2]=16.000000
Q[0][3]=21.000000
Q[0][4]=24.000000
Q[0][5]=25.000000
Q[0][6]=24.000000
Q[0][7]=21.000000
Q[0][8]=16.000000
Q[0][9]=9.000000
max=25.000000
```

図 3.9　実行例

■ソースコード 3.2　Q 値の最大値を求める関数

```
1  #include <stdio.h>
2
3  double max_Qval(int s, int num_a, double** Qtable);
4
5  int main()
6  {
7    double **Qtable;
8    int num_a, num_s;
9    int i, j;
10   double max;
11
12   num_a = 10;
13   num_s = 1;
14
15   Qtable = new double*[num_s];
16   for (i = 0; i<num_s; i++) {
17     Qtable[i] = new double[num_a];
18   }
19
20   for (i = 0; i<num_s; i++) {
21     for (j = 0; j<num_a; j++) {
22       Qtable[i][j] = 10*j-j*j;
23       printf("Q[%d][%d]=%lf¥n", i, j, Qtable[i][j]);
24     }
25   }
26
27
```

```
28    max = max_Qval(0, num_a, Qtable);
29    printf("max=%lf", max);
30
31    for (i = 0; i<num_s; i++) {
32      delete[] Qtable[i];
33    }
34    delete[] Qtable;
35
36
37    return 0;
38  }
39
40
41
42
43
44
45  double max_Qval(int s, int num_a, double** Qtable) {
46    double max;
47    int i = 0;
48
49    max = Qtable[s][0];
50    for (i = 1; i<num_a; i++) {
51      if (Qtable[s][i]>max) {
52        max = Qtable[s][i];
53      }
54    }
55    return max;
56  }
```

ソースコードの説明

5～38行目が，最大値を求める関数をテストするための記述であり，45～56行目が関数の記述である．

最初に最大値を求める関数について説明する．45行目がこの関数の宣言であり，状態 s，行動の数 num_a，Q テーブルを表す2次元配列 Qtable を引数とし，その指定された状態における Q 値の最大値を返す関数である．

49行目において，$Q(s, 0)$ を max の初期値として設定し，50～54行目にかけて，max と $Q(s, 1)$，max と $Q(s, 2)$ のように順に比べていき，現在の max より大きい値が存在した場合には，52行目で，その値を新たに max に代入する．この操作をすべての行動に対して行うことで最大値を求めている．最後に求めた最大値を戻り値として返して，関数は終了する．

次に，関数をテストするための記述について説明する．

7 ～ 10 行目が，使用する変数の宣言であり，`num_a` は行動の数を，`num_s` は状態の数を意味する．Q 値は，`double` 型の 2 次元配列 `Qtable` で表現し，15 ～ 18 行目において，動的にメモリ空間を確保している．

20 ～ 25 行目は，Q 値の初期値を設定する記述であり，ここでは，上に凸の 2 次関数として `10*j-j*j` の値を代入している．この例では，最大値は `25` である．この，Q 値に代入する値を変えることで，様々な場合についてテストを行うことができる．

29 行目において求めた最大値を表示させ，最後に，`Qtable` のメモリを解放して，プログラムは終了する．

3.1.4 最大の Q 値を持つ行動を選択するための関数

最大の Q 値を持つ行動を選択するための関数を作成する．**図 3.10** にフローチャートを，**図 3.11** にプログラムの作成例を示す．主な流れは，先の Q 値の最大値を求める関数と同様であるが，ここでは，最大値そのものではなく，最大値となるときの行動の番号を求めている点が異なる．また，最大値となる値を持つ行動が複数存在する場合に対応するため，それらをすべて記憶しておき，最後にその中から一つをランダムに選ぶ仕様としている．

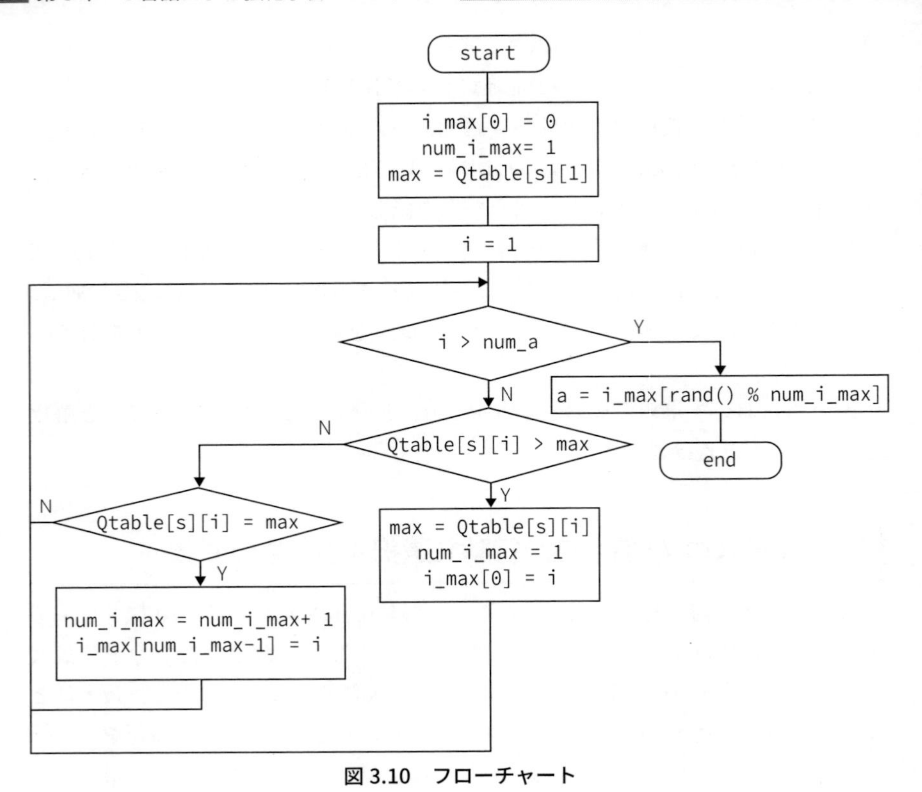

図3.10　フローチャート

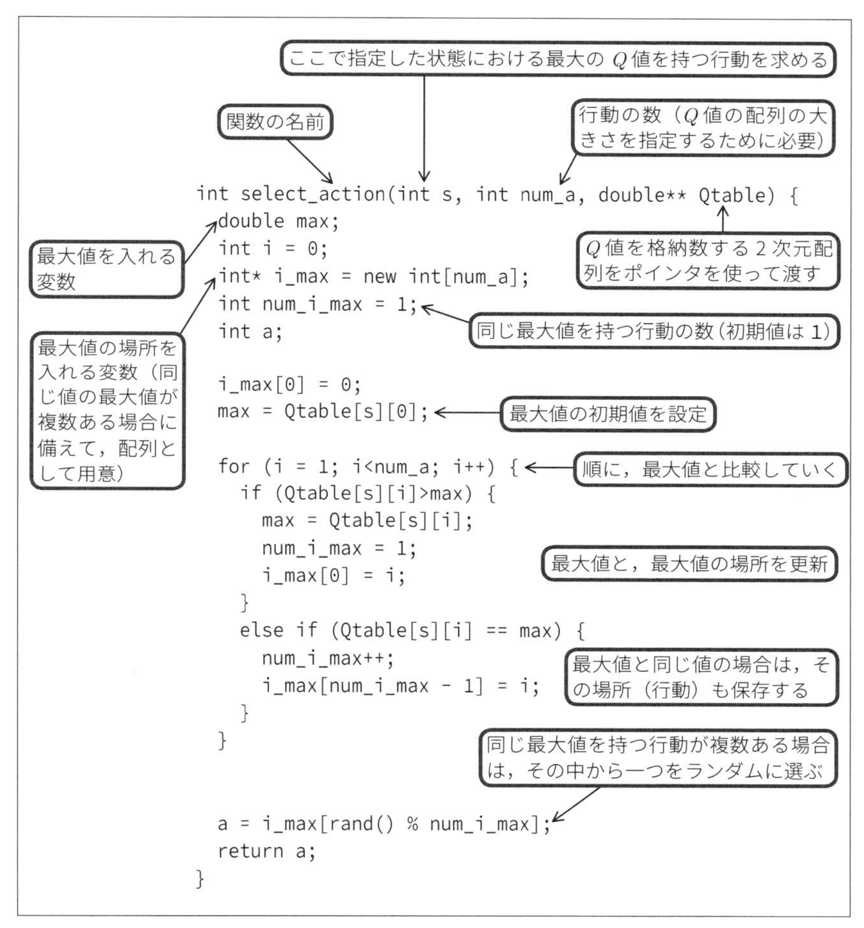

図 3.11　最大の Q 値を持つ行動を選択するための関数

図 3.12 に関数をテストするための main 関数を，**ソースコード 3.3** にプログラムの全体を，**図 3.13** に実行例を示す．先の Q 値の最大値を求める関数と同様に，ここでは，状態数を 1，行動数を 10 として Q 値を格納する 2 次元配列 Qtable を生成し，テスト用に，上に凸の 2 次関数となる値を代入し，その最大値を持つ行動を求めている．実行結果から，最大値 25 を持つ行動 5 が，正しく求められていることが確認できる．

```
int main()
{
  double **Qtable;
  int num_a, num_s;
  int i, j;
  int a;

  srand((unsigned)time(NULL));

  num_a = 10;
  num_s = 1;

  Qtable = new double*[num_s];
  for (i = 0; i<num_s; i++) {
    Qtable[i] = new double[num_a];
  }

  for (i = 0; i<num_s; i++) {
    for (j = 0; j<num_a; j++) {
      Qtable[i][j] = 10 * j - j*j;
      printf("Q[%d][%d]=%lf¥n", i, j, Qtable[i][j]);
    }
  }

  a = select_action(0, num_a, Qtable);
  printf("a=%d¥n", a);

  for (i = 0; i<num_s; i++) {
    delete[] Qtable[i];
  }
  delete[] Qtable;

  return 0;
}
```

Q 値を格納する 2 次元配列のポインタ
行動の数と，状態の数
最大の Q 値を持つ行動を入れるための変数
乱数の初期化
行動の数を 10，状態の数を 1 に設定
メモリ空間に 2 次元配列を確保
テスト用の Q 値を代入
最大の Q 値を持つ行動を求める関数を呼び出す
求められた行動を表示
メモリを解放

図 3.12　動作確認のための main 関数

```
Q[0][0]=0.000000
Q[0][1]=9.000000
Q[0][2]=16.000000
Q[0][3]=21.000000
Q[0][4]=24.000000
Q[0][5]=25.000000
Q[0][6]=24.000000
Q[0][7]=21.000000
Q[0][8]=16.000000
Q[0][9]=9.000000
a=5
```

図 3.13　実行例

■ソースコード 3.3　最大の Q 値を持つ行動を求める関数

```
 1 #include <stdio.h>
 2 #include <stdlib.h>
 3 #include <time.h>
 4 
 5 int select_action(int s, int num_a, double** Qtable);
 6 
 7 int main()
 8 {
 9   double **Qtable;
10   int num_a, num_s;
11   int i, j;
12   int a;
13 
14   //乱数の初期化
15   srand((unsigned)time(NULL));
16 
17 
18   num_a = 10;
19   num_s = 1;
20 
21   Qtable = new double*[num_s];
22   for (i = 0; i<num_s; i++) {
23     Qtable[i] = new double[num_a];
24   }
25 
26   for (i = 0; i<num_s; i++) {
27     for (j = 0; j<num_a; j++) {
28       Qtable[i][j] = 10 * j - j*j;
29       printf("Q[%d][%d]=%lf¥n", i, j, Qtable[i][j]);
```

```
30      }
31    }
32
33
34
35    a = select_action(0, num_a, Qtable);
36    printf("a=%d¥n", a);
37
38
39    for (i = 0; i<num_s; i++) {
40      delete[] Qtable[i];
41    }
42    delete[] Qtable;
43
44    return 0;
45  }
46
47
48  int select_action(int s, int num_a, double** Qtable) {
49    double max;
50    int i = 0;
51    int* i_max = new int[num_a];
52    int num_i_max = 1;
53    int a;
54
55    i_max[0] = 0;
56    max = Qtable[s][0];
57
58    for (i = 1; i<num_a; i++) {
59      if (Qtable[s][i]>max) {
60        max = Qtable[s][i];
61        num_i_max = 1;
62        i_max[0] = i;
63      }
64      else if (Qtable[s][i] == max) {
65        num_i_max++;
66        i_max[num_i_max - 1] = i;
67      }
68    }
69
70
71
72    a = i_max[rand() % num_i_max];
73    return a;
74  }
```

ソースコードの説明

48 ～ 74 行目が行動を選択するための関数の記述であり，7 ～ 45 行目が，関数をテストするための記述である．

最初に，行動を選択するための関数について説明する．48 行目は，関数の宣言であり，これは，状態 s，行動の数 num_a，Q 値を保存する 2 次元配列 Qtable を引数とし，その指定された状態において Q 値が最大となる行動を返す関数である．基本的な流れについては，3.1.3 項の最大値を求める関数と同じであるが，最大となる値が複数存在した場合に対応できるように変更されている．具体的には，以下の通りである．

まず，49 ～ 53 行目は，使用する変数の宣言である．51 行目で宣言されている i_max は，最大値を持つ Q 値の行動を保存するための変数であり，最大値と同じ大きさの Q 値が複数存在した場合にそれぞれの Q 値の行動を保存するために配列となっている．したがって，例えば，最大値が一つの場合には，i_max[0] に最大値となるときの行動の番号が入り，最大値が 2 つの場合には，i_max[0] と i_max[1] にそれぞれ最大値となるときの行動の番号が入る．num_i_max は，現在確認されている最大値の数であり，例えば，同じ最大値を持つ Q 値が 2 つある場合には，2 が代入される．

55 ～ 56 行目では，行動が 0 の場合の Q 値を最大値の初期値として設定している．58 ～ 68 行目にかけて順次，最大値を検索している．現在の最大値よりも大きな Q 値が見つかった場合には，それを新たな最大値とするとともに，最大値の数 num_i_max を 1 に戻している（59 ～ 63 行目）．また，現在の最大値と等しい値を持つ Q 値が見つかった場合には，最大値の数 num_i_max を 1 増やすとともに，新たに見つかった最大値を持つ行動を i_max[num_i_max-1] に保存する（64 ～ 67 行目）．

以上の操作により，num_i_max には最大値の数が，i_max[0] から i_max[num_i_max-1] には，そのときの行動が保存されることになる．

72 行目では，その最大値を持つ行動の中から無作為に一つを選び，それを選択された行動として関数の戻り値とし，74 行目で関数は終了する．

次に，関数をテストするための記述について説明する．9 ～ 12 行目は，使用する変数の宣言である．15 行目は，乱数の初期化であり，これにより，プログラムを実行するたびに異なる系列の乱数が得られる．21 ～ 24 行目では，

Qtableのメモリ空間を動的に確保している．26～31行目は，Qtableを初期化するための記述であり，テスト用に2次関数10*j-j*jの値を代入している．このQ値の設定を変えることで，様々な値に対してテストを行うことができる．

35～36行目は，関数のテストであり，状態が0のときの最大のQ値を持つ行動を選び，aに代入するとともに，その値を表示させている．この例では，行動が5のとき最大値25をとるので，行動の番号として5という値が求められるはずである．

39～42行目は，メモリ空間を解放するための記述である．

3.1.5 ε-greedy 法

ε-greedy 法により確率的に行動を選択する関数を作成する．**図3.14**にフローチャートを，**図3.15**にプログラムの作成例を示す．εの値は，1から100の間の整数で設定する．1から100の間の乱数を発生させ，εを閾値として，乱数とεを比較することで確率的な選択を行う．乱数がεよりも小さい場合には，行動は乱数を用いて無作為に設定する．ただし，存在しない行動を設定することのないよう，行動を指定するための乱数は0からnum_a未満の値を用いる(a=rand()%num_a)．乱数がε以上の場合には，先に作成した関数を用いて，最大のQ値を持つ行動を選択する．

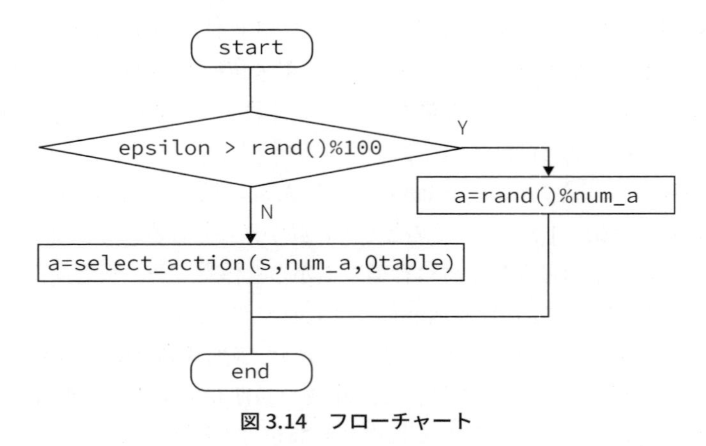

図3.14　フローチャート

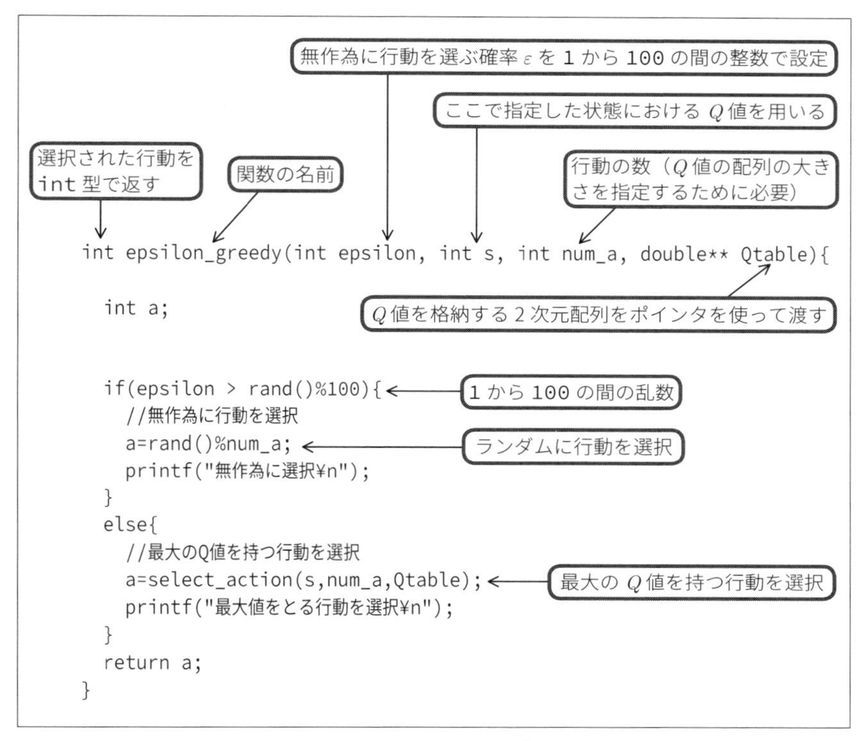

図 3.15　ε-greedy 法

図 3.16 に関数をテストするための main 関数を，**ソースコード 3.4** にプログラムの全体を，**図 3.17** に実行例を示す．この例では，ランダムに行動を選ぶ確率を 20% として，ε-greedy 法による行動選択を 10 回実行している．実行結果を見ると，ランダムに行動が選択された回数は 2 回，最大の Q 値を持つ行動（a = 5）が選択された回数が 8 回であり，正しく動作していることが確認できる．

```
int main()
{
  double **Qtable;                              Q値を格納する2次元配列のポインタ
  int num_a,num_s;                              行動の数と，状態の数
  int i,j;
  int a;                                        最大のQ値を持つ行動を入れるための変数

  //乱数の初期化
  srand( (unsigned)time( NULL ) );              乱数の初期化

  num_a=5;                                      行動の数を 10，状態の数を 1 に設定
  num_s=10;

  Qtable=new double*[num_s];                    メモリ空間に2次元配列を確保
  for(i=0;i<num_s;i++){
    Qtable[i]=new double[num_a];
  }

  for(i=0;i<num_s;i++){
    for(j=0;j<num_a;j++){
      Qtable[i][j]= 10*j-j*j;
      printf("Q[%d][%d]=%lf¥n",i,j,Qtable[i][j]);    テスト用のQ値を代入
    }
  }


  for(i=0;i<10;i++){
    a=epsilon_greedy(20,0,num_a,Qtable);        ε-greedy法を10回実行
    printf("a=%d¥n",a);
  }

  for(i=0;i<num_s;i++){
    delete[] Qtable[i];                         メモリを解放
  }
  delete[] Qtable;

  return 0;
}
```

図3.16　関数をテストするための main 関数

■ソースコード 3.4 ε-greedy 法

```
1  #include <stdio.h>
2  #include <stdlib.h>
3  #include <time.h>
4
5  int select_action(int s, int num_a, double** Qtable);
6  int epsilon_greedy(int epsilon, int s, int num_a, double** Qtable);
7
8  int main()
9  {
10   double **Qtable;
11   int num_a, num_s;
12   int i, j;
13   int a;
14
15   //乱数の初期化
16   srand((unsigned)time(NULL));
17
18   num_a = 10;
19   num_s = 1;
20
21   Qtable = new double*[num_s];
22   for (i = 0; i<num_s; i++) {
23     Qtable[i] = new double[num_a];
24   }
25
26   for (i = 0; i<num_s; i++) {
27     for (j = 0; j<num_a; j++) {
28       Qtable[i][j] = 10 * j - j * j;
29       printf("Q[%d][%d]=%lf¥n", i, j, Qtable[i][j]);
30     }
31   }
32
33
34
35   for (i = 0; i<10; i++) {
36     a = epsilon_greedy(20, 0, num_a, Qtable);
37     printf("a=%d¥n", a);
38   }
39
40   for (i = 0; i<num_s; i++) {
41     delete[] Qtable[i];
42   }
43   delete[] Qtable;
44
```

```
45    return 0;
46  }
47
48
49
50  int select_action(int s, int num_a, double** Qtable) {
51    double max;
52    int i = 0;
53    int* i_max = new int[num_a];
54    int num_i_max = 1;
55    int a;
56
57    i_max[0] = 0;
58    max = Qtable[s][0];
59
60    for (i = 1; i<num_a; i++) {
61      if (Qtable[s][i]>max) {
62        max = Qtable[s][i];
63        num_i_max = 1;
64        i_max[0] = i;
65      }
66      else if (Qtable[s][i] == max) {
67        num_i_max++;
68        i_max[num_i_max - 1] = i;
69      }
70    }
71
72    a = i_max[rand() % num_i_max];
73    return a;
74  }
75
76
77
78  int epsilon_greedy(int epsilon, int s, int num_a, double** Qtable) {
79    int a;
80    if (epsilon > rand() % 100) {
81      //無作為に行動を選択
82      a = rand() % num_a;
83      printf("無作為に選択¥n");
84    }
85    else {
86      //最大のQ値を持つ行動を選択
87      a = select_action(s, num_a, Qtable);
88      printf("最大値をとる行動を選択¥n");
89    }
90    return a;
91  }
```

ソースコードの説明

78～91行目が，ε-greedy法の記述であり，50～74行目が，先に作成した最大のQ値を持つ行動を選択する関数の記述である．この最大のQ値を持つ行動を選択する関数は，ε-greedy法の中で使用されている．8～46行目は，ε-greedy法をテストするための記述である．

最大のQ値を持つ行動を選択する関数については，先の説明と同様であるのでここでは割愛し，主にε-greedy法とそのテストのための記述について説明する．

最初に，ε-greedy法について説明する．

78行目は，関数の宣言であり，これは，行動をランダムに選択する確率〔%〕を示す`epsilon`，状態`s`，行動の数`num_a`，および，Qテーブルを表す2次元配列`Qtable`を引数とし，選択された行動を戻り値とする関数である．

80行目は，無作為に行動を選択するか，最大のQ値を持つ行動を選択するかを判断する`if`文である．ここで，`rand()%100`は，`0`から`99`の間に限定された整数の乱数を得るための操作であり，`rand`関数で発生させた乱数（正の整数）を`100`で割り，その余りを求めることで実現している．この`0`から`99`までの間の乱数と`epsilon`を比べることで，`epsilon`で示された確率で条件分岐を行っている．例えば，`epsilon`が`10`の場合には，生成された乱数が`epsilon`より小さくなるのは，乱数が`0`から`9`の場合の10通りであり，100分の10，つまり，10%の確率で80行目の`if`文は真となる．

82行目では，`0`から`num_a`未満の整数の乱数を発生させ，これを選択された行動とすることで，無作為な行動選択を実現している．

85～89行目では，`select_action`関数を用いて，Q値が最大となる行動を選択している．

次に，関数をテストする記述について説明する．

10～31行目は，変数の宣言と初期化である．28行目ではテストのために`Qtable`に2次関数`10*j-j*j`の値を代入している．ここで，`Qtable`に様々な値を設定することで，様々な場合についてテストすることができる．

35～38行目は，`epsilon`を`20`とし，状態0における行動選択を10回行っている．この例では，28行目で指定したように，状態0における最大値は`25`であり，そのときの行動は5であるので，10回のうち，約8回において最大値をとる行動5が選ばれ，それ以外の約2回において，すべての行動の中から無作為に行動が選ばれるはずである．

40 ～ 43 行目は，メモリ空間を解放するための記述である．

```
Q[0][0]=0.000000
Q[0][1]=9.000000
Q[0][2]=16.000000
Q[0][3]=21.000000
Q[0][4]=24.000000
Q[0][5]=25.000000
Q[0][6]=24.000000
Q[0][7]=21.000000
Q[0][8]=16.000000
Q[0][9]=9.000000
最大値をとる行動を選択
a=5
最大値をとる行動を選択
a=5
最大値をとる行動を選択
a=5
無作為に選択
a=6
最大値をとる行動を選択
a=5
最大値をとる行動を選択
a=5
最大値をとる行動を選択
a=5
無作為に選択
a=9
最大値をとる行動を選択
a=5
最大値をとる行動を選択
a=5
```

図 3.17　実行例

3.1.6　関数の統合と学習の実現

ここでは，これまでに作成した関数を統合し，実際に学習を行う．**表 3.2** に変数の一覧を，**図 3.18** および**図 3.19** に学習を行う main 関数のフローチャートとプログラムの作成例を，**図 3.20** に実行例を示す．

main 関数では，これまで用意した関数を用いて，図 3.18 に示した流れに沿って学習を行う．今回の設定では，試行回数は 100 とし，100 回の試行が行われたところで学習を終了し，獲得された Q 値を表示している．

獲得された Q 値の小数点以下を切り捨て，見やすいように表としてまとめると，**図 3.21** のようになる．この表から，各状態において Q 値が最大となる行動を読み取ると，消灯している状態（電源が入っていないとき）では電源ボタンを押す行動が好ましく，点灯している（電源が入っている）ときには，チーズ取り出しスイッチを押すことが好ましいという政策が獲得されており，正しく学習が行われていることが分かる．

表 3.2　変数

変　数	用　途
**Qtable	Q 値を格納するための配列のポインタ
Q_max	Q 値の最大値
reward	報酬
alpha	学習係数
gamma	減衰係数
epsilon	行動を無作為に選ぶ確率〔%〕
trial_max	試行回数
num_a	行動の数
num_s	状態の数
a	行動
s	状態
sd	行動の実行によって遷移する状態

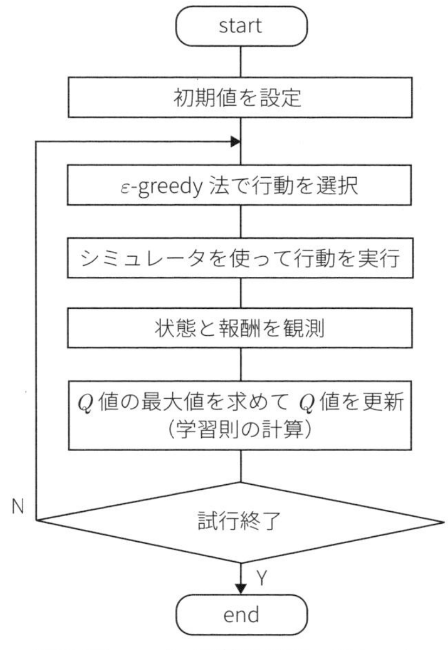

図 3.18　main 関数のフローチャート

```
int main()
{
  double **Qtable; //Qtable
  double Q_max=0;//Q値の最大値
  double reward=0; //報酬
  double alpha=0.5;//学習係数
  double gamma=0.9;//減衰係数
  int epsilon=10;//行動を無作為に選ぶ確率〔%〕
  int trial_max=100;//試行回数
  int num_a=2;//行動の数
  int num_s=2;//状態の数
  int a=0;//行動
  int s=0;//状態
  int sd=0;//行動の実行によって遷移する状態
  int i,j;


  //乱数の初期化
  srand( (unsigned)time( NULL ) );


  //メモリ空間の確保
  Qtable=new double*[num_s];
  for(i=0;i<num_s;i++){
    Qtable[i]=new double[num_a];
  }

  //Q値の初期化
  for(i=0;i<num_s;i++){
    for(j=0;j<num_a;j++){
      Qtable[i][j]=0;
      printf("Q[%d][%d]=%lf¥n",i,j,Qtable[i][j]);
    }
  }


  //試行開始
  for(i=0;i<trial_max;i++){

    //行動の選択
    a=epsilon_greedy(epsilon,s,num_a,Qtable);
    //行動の実行
    reward=vending_machine(s,a,sd);
    //sdにおけるQ値の最大値を求める
```

変数の宣言

乱数の初期化

メモリ空間に2次元配列を確保

Q 値を 0 に初期化

試行開始

ε-greedy 法で行動を選択

シミュレータを使って行動を実行

図 3.19　学習を行うための main 関数

```
    Q_max=max_Qval(sd,num_a,Qtable);
    //Q値の更新
    Qtable[s][a]
        =(1 - alpha) * Qtable[s][a] + alpha * (reward + gamma * Q_max);
    s=sd;

    printf("i=%d¥n",i);
    if(reward>0){
      printf("成功¥n",a);
    }

  }

  //Qtableの表示
  for(i=0;i<num_s;i++){
    for(j=0;j<num_a;j++){
      printf("%lf ",Qtable[i][j]);
    }
    printf("¥n");
  }



  //メモリ空間の解放
  for(i=0;i<num_s;i++){
    delete[] Qtable[i];
  }
  delete[] Qtable;

  return 0;
}
```

Q 値の最大値を求めて Q 値を更新

学習により得られた Q 値を更新

メモリを解放

図 3.19（つづき）

```
成功
i=86
成功
i=87
成功
i=88
成功
i=89
成功
i=90
成功
i=91
成功
i=92
成功
i=93
成功
i=94
成功
i=95
成功
i=96
成功
i=97
成功
i=98
i=99
80.735825 0.000000
50.475093 99.011164
```

図 3.20　実行例

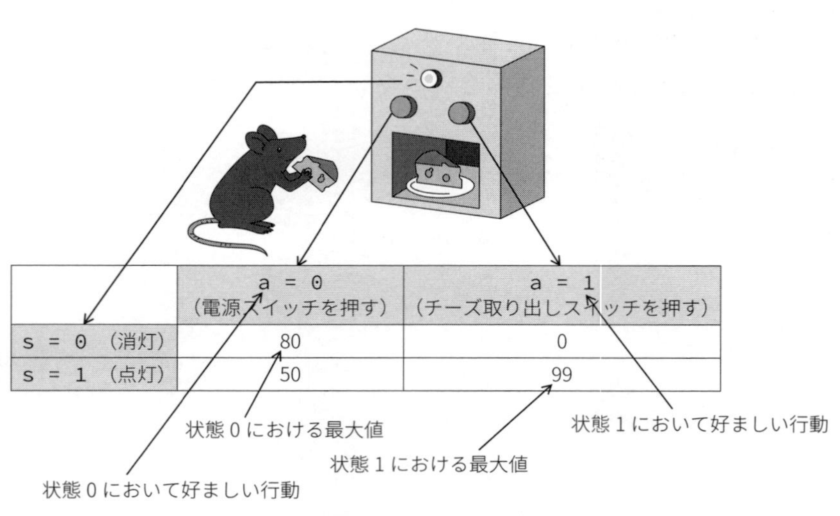

	a = 0 （電源スイッチを押す）	a = 1 （チーズ取り出しスイッチを押す）
s = 0 （消灯）	80	0
s = 1 （点灯）	50	99

図 3.21　獲得された政策（Q 値）の例

ソースコード **3.5** に，すべての関数を含めたプログラムの全体を示す．

■ソースコード 3.5　関数の統合

```
1  #include <stdio.h>
2  #include<stdlib.h>
3  #include <time.h>
4
5  double vending_machine(int s, int a, int &sd);
6  double max_Qval(int s, int num_a, double** Qtable);
7  int select_action(int s, int num_a, double** Qtable);
8  int epsilon_greedy(int epsilon, int s, int num_a, double** Qtable);
9
10
11 int main()
12 {
13   double **Qtable; //Qtable
14   double Q_max = 0;//Q値の最大値
15   double reward = 0; //報酬
16   double alpha = 0.5;//学習係数
17   double gamma = 0.9;//減衰係数
18   int epsilon = 10;//行動を無作為に選ぶ確率〔%〕
19   int trial_max = 100;//試行回数
20   int num_a = 2;//行動の数
21   int num_s = 2;//状態の数
22   int a = 0;//行動
23   int s = 0;//状態
24   int sd = 0;//行動の実行によって遷移する状態
25   int i, j;
26
27
28   //乱数の初期化
29   srand((unsigned)time(NULL));
30
31
32   //メモリ空間の確保
33   Qtable = new double*[num_s];
34   for (i = 0; i<num_s; i++) {
35     Qtable[i] = new double[num_a];
36   }
37
38   //Q値の初期化
39   for (i = 0; i<num_s; i++) {
40     for (j = 0; j<num_a; j++) {
41       Qtable[i][j] = 0;
42       printf("Q[%d][%d]=%lf¥n", i, j, Qtable[i][j]);
43     }
44   }
```

```
45
46
47    //試行開始
48    for (i = 0; i<trial_max; i++) {
49
50      //行動の選択
51      a = epsilon_greedy(epsilon, s, num_a, Qtable);
52      //行動の実行
53      reward = vending_machine(s, a, sd);
54      //sdにおけるQ値の最大値を求める
55      Q_max = max_Qval(sd, num_a, Qtable);
56      //Q値の更新
57      Qtable[s][a] = (1 - alpha) * Qtable[s][a] +
                      alpha * (reward + gamma * Q_max);
58
59      s = sd;
60
61      printf("i=%d¥n", i);
62      if (reward>0) {
63        printf("成功¥n", a);
64      }
65
66    }
67
68    //Qtableの表示
69    for (i = 0; i<num_s; i++) {
70      for (j = 0; j<num_a; j++) {
71        printf("%lf ", Qtable[i][j]);
72      }
73      printf("¥n");
74    }
75
76
77
78    //メモリ空間の開放
79    for (i = 0; i<num_s; i++) {
80      delete[] Qtable[i];
81    }
82    delete[] Qtable;
83
84    return 0;
85  }
86
87  double vending_machine(int s, int a, int &sd) {
88    double reward;
89
90    if (a == 0) {
```

```
 91      sd = !s;
 92      reward = 0;
 93    }
 94    else {
 95      if (s == 1) {
 96        sd = s;
 97        reward = 10;
 98      }
 99      else {
100        sd = s;
101        reward = 0;
102      }
103    }
104
105    return reward;
106  }
107
108
109  double max_Qval(int s, int num_a, double** Qtable) {
110    double max;
111    int i = 0;
112
113    max = Qtable[s][0];
114    for (i = 1; i<num_a; i++) {
115      if (Qtable[s][i]>max) {
116        max = Qtable[s][i];
117      }
118    }
119    return max;
120  }
121
122  int select_action(int s, int num_a, double** Qtable) {
123    double max;
124    int i = 0;
125    int* i_max = new int[num_a];
126    int num_i_max = 1;
127    int a;
128
129    i_max[0] = 0;
130    max = Qtable[s][0];
131
132    for (i = 1; i<num_a; i++) {
133      if (Qtable[s][i]>max) {
134        max = Qtable[s][i];
135        num_i_max = 1;
136        i_max[0] = i;
137      }
```

```
138     else if (Qtable[s][i] == max) {
139       num_i_max++;
140       i_max[num_i_max - 1] = i;
141     }
142   }
143
144   //for(i=0;i<num_i_max;i++){
145   //  printf("i_max[%d]=%d¥n",i,i_max[i]);
146   //}
147
148   a = i_max[rand() % num_i_max];
149   return a;
150 }
151
152
153 int epsilon_greedy(int epsilon, int s, int num_a, double** Qtable)
    {
154   int a;
155   if (epsilon > rand() % 100) {
156     //無作為に行動を選択
157     a = rand() % num_a;
158     //printf("無作為に選択¥n");
159   }
160   else {
161     //最大のQ値を持つ行動を選択
162     a = select_action(s, num_a, Qtable);
163     //printf("最大値をとる行動を選択¥n");
164   }
165   return a;
166 }
```

ソースコードの説明

5～8行目が使用する関数の定義であり，先の各節で用意したものを用いる．mainの関数の中では，13～25行目が必要な変数の宣言，29行目が乱数の初期化，33～44行目が，Q値を格納する配列の確保と初期値の設定である．

48行目より試行が開始され，51行目で，ε-greedy法を用いて行動を選択する．選択された行動を53行目において実行し，その結果，sdに遷移後の状態が保存されるとともに，報酬の値がmain関数へ返される．

55行目において遷移後の状態におけるQ値の最大値を求め，これを用いて57行目でQ値の更新を行う．

59行目において，現在の状態sに遷移後の状態sdを代入し，時刻を一つ進める．

61 行目は，現在の試行回数を確認するための表示を行う記述であり，62 ～ 64 行目は，成功していることを確認するための表示を行う記述である．

以上を試行回数分繰り返すことで学習を行う．

68 ～ 74 行目は，学習が完了した段階での `Qtable` を表示するための記述であり，これによりどのような政策が獲得されたかを確認することができる．

78 ～ 82 行目は，メモリを解放するための記述であり，85 行目でプログラムは終了する．

87 行目以降は，使用した関数の本体であり，以前の項で作成したものをそのまま用いている．

3.2 迷　路

3.2.1 迷路問題の概要

学習アルゴリズムの長所は，同一のアルゴリズムを用いて様々なタスクを学習可能な点である．本節では，もう一つの例題として，**図 3.22** に示す迷路問題を考え，3.1 節で作成したプログラムをこれに適用する．学習の目的は，迷路の各点からチーズへ向かうための最短経路を獲得することである．

図 3.22　迷路問題

迷路問題への適用に当たり，状態・行動空間を問題に合わせて再構成し，適切な報酬を設定する必要があるが，学習アルゴリズムは同一であるため，学習に用いる各種の関数は，3.1節で作成したものをそのまま用いることができる．

3.2.2　状態・行動の構成と報酬の設定

タスクに合わせ，状態と行動を設定する．行動は，上下左右に移動することであり，**図3.23**に示すように設定する．また，状態は，ネズミの位置であり，**図3.24**に示す座標系を用いて2次元座標系での位置を表すとともに，これを**図3.25**に示すような1次元の値に変換して状態とする．例えば，座標(1, 1)は状態11として表される．

報酬は，チーズにたどり着いたとき10とし，また壁にぶつかったとき−1とする．これにより，壁にぶつかることなく，チーズにたどり着く政策が獲得される．

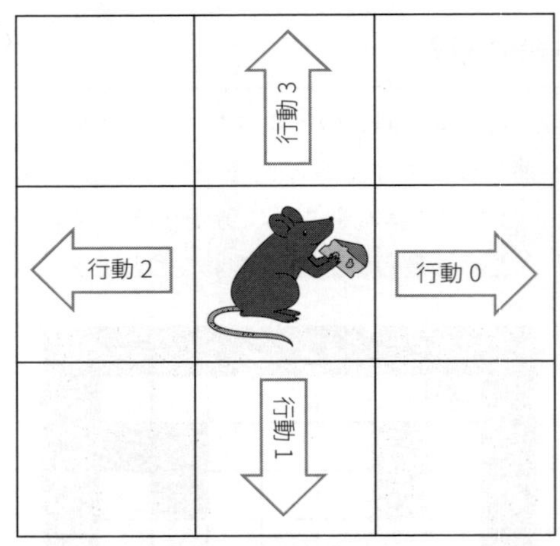

図3.23　行動の設定

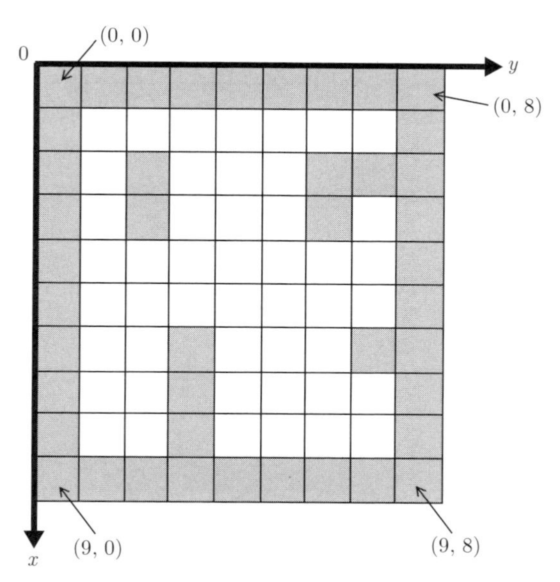

図 3.24　座標系の定義

0	10	20	30	40	50	60	70	80
1	11	21	31	41	51	61	71	81
2	12	22	32	42	52	62	72	82
3	13	23	33	43	53	63	73	83
4	14	24	34	44	54	64	74	84
5	15	25	35	45	55	65	75	85
6	16	26	36	46	56	66	76	86
7	17	27	37	47	57	67	77	87
8	18	28	38	48	58	68	78	88
9	19	29	39	49	59	69	79	89

図 3.25　状態の設定

3.2.3 プログラムの構成

プログラムの構成を**図3.26**に示す．チーズ製造機のプログラムからの変更点は，チーズ製造機のシミュレータが，ロボットの移動をシミュレートするための関数とロボットの座標を状態番号に変換する関数に置き換わる点だけであり，学習に使用する関数は，そのまま使用することができる．これは，強化学習が様々な対象に適応可能な汎用なアルゴリズムであり，適用対象を表す部分のみを変えればそのまま使用することができるからである．

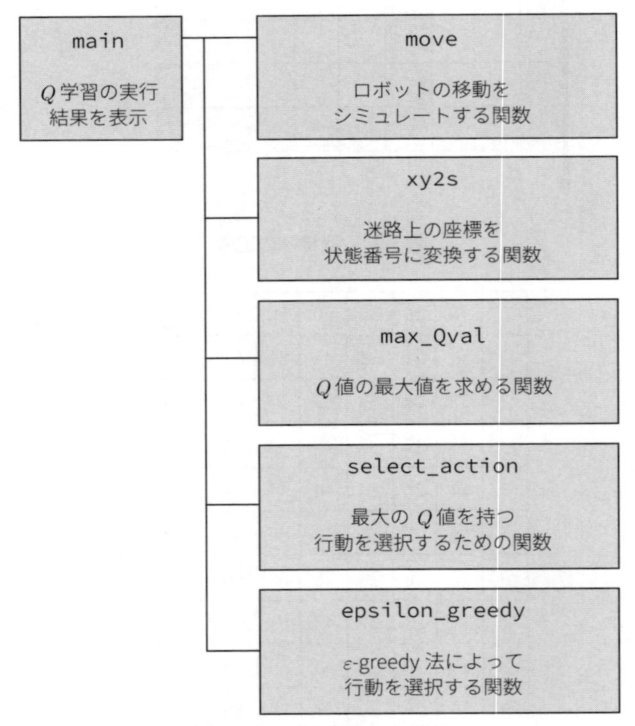

図3.26　プログラムの構成

3.2.4 迷路の表現

本プログラムでは，図3.24で示した迷路を**図3.27**に示すような2次元配列 maze として表現する．配列の値には，壁が存在す場合は -1，チーズが存在する場合は10，何も存在しない場合には0を代入する．これらの値を代入する場所を変えることで,壁の位置やチーズの位置を変更することが可能である．また，チーズは，複数の場所に置かれてよく，チーズの価値も10以外の様々な大きさに設定してもよい．**図3.28**に迷路のプログラム例を示す．

このmazeに格納された値を直接報酬として用いることで，壁の有無やチーズの有無を判断するプログラムを作成する必要がなくなり，プログラムを簡素化することができる.使い方の詳細は,各学習のプログラムの説明のところで述べる.

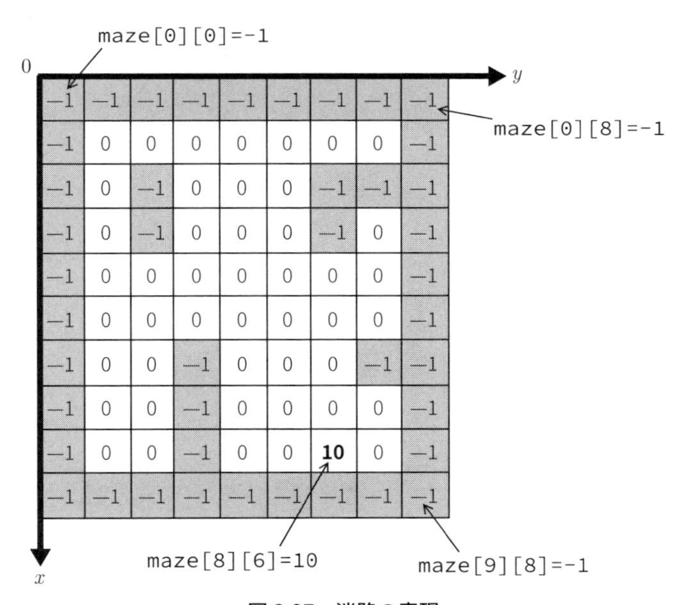

−1	−1	−1	−1	−1	−1	−1	−1	−1
−1	0	0	0	0	0	0	0	−1
−1	0	−1	0	0	0	−1	−1	−1
−1	0	−1	0	0	0	−1	0	−1
−1	0	0	0	0	0	0	0	−1
−1	0	0	0	0	0	0	0	−1
−1	0	0	−1	0	0	0	−1	−1
−1	0	0	−1	0	0	0	0	−1
−1	0	0	−1	0	0	**10**	0	−1
−1	−1	−1	−1	−1	−1	−1	−1	−1

図3.27 迷路の表現

```
int x_size=10;
int y_size=9;
int **maze;
int i,j;

maze=new int*[x_size];
for(i=0;i<x_size;i++){
  maze[i]=new int[y_size];
}


for(i=0;i<x_size;i++){
  for(j=0;j<y_size;j++){
    if(i==0 || j==0 || i==(x_size-1) || j==(y_size-1)){
      maze[i][j]=-1;
    }
    else{
      maze[i][j]=0;
    }
  }
}

maze[2][2]=-1;
maze[3][2]=-1;
maze[6][3]=-1;
maze[7][3]=-1;
maze[8][3]=-1;
maze[2][6]=-1;
maze[2][7]=-1;
maze[3][6]=-1;
maze[6][7]=-1;

maze[8][6]=10;
```


図 3.28　迷路のプログラム例

3.2.5 ロボットの移動をシミュレートし，状態番号を出力する関数

ロボットの移動をシミュレートする関数とロボットの位置（xy 座標）を状態番号に変換する関数を作成する．**図 3.29** に移動をシミュレートする関数を，**図 3.30** に位置を状態に変換する関数を示す．移動をシミュレートする関数は，行動の値をもとに場合分けを行い，図 3.23 に示した方向へ 1 マス分移動するように座標の値を更新する関数となっている．移動後の位置座標は，位置を状態に変換する関数を用いて 1 次元の状態番号に変換されて，この状態番号が返される．

位置を状態に変換する関数では，図 3.25 に示したように，迷路の x 軸方向の大きさをもとに，縦に順に番号を振っていくことで 1 次元の値に変換する．

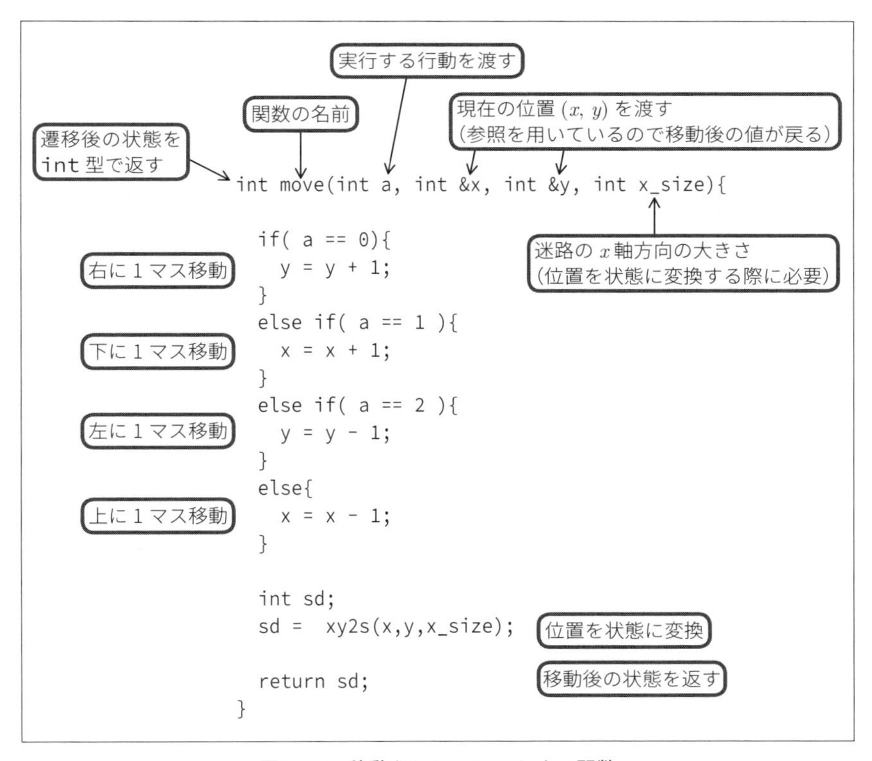


```
int move(int a, int &x, int &y, int x_size){

  if( a == 0){
    y = y + 1;
  }
  else if( a == 1 ){
    x = x + 1;
  }
  else if( a == 2 ){
    y = y - 1;
  }
  else{
    x = x - 1;
  }

  int sd;
  sd =  xy2s(x,y,x_size);

  return sd;
}
```

図 3.29　移動をシミュレートする関数

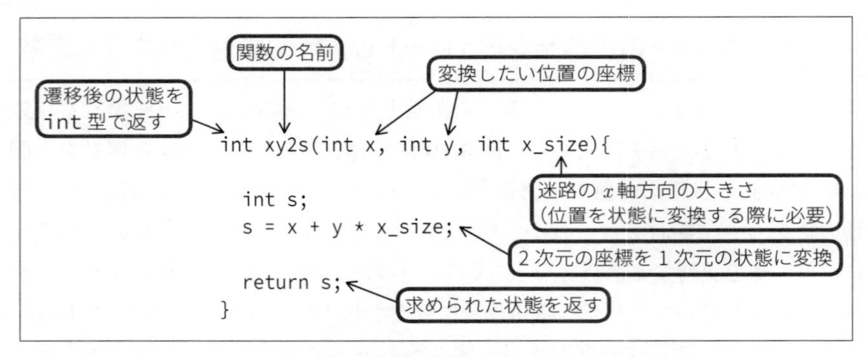

図 3.30　位置を状態に変換する関数

次に，動作確認を行う．**図 3.31**，**図 3.32** に動作確認を行うための main 関数を，**ソースコード 3.6** にすべての関数を含めたプログラム全体を，**図 3.33** に実行結果の一例を示す．

この例では，最初に迷路を設定して表示する．次に，迷路上のすべての座標を状態番号に変換して表示し，状態番号への変換が正しく行われていることを確認する．後半では，初期位置を (1, 1) として，行動を 0 から 3 まで順に実行し，右，下，左，上の順に正しく移動が行われるとともに，各位置の状態が正しく求められていることを確認している．

```
int main()
{
  int x_size=10;//x軸方向の迷路の大きさ（x_size=10のときには，xは0から9の値をとる）
  int y_size=9;
  int **maze;
  int i,j;

  maze=new int*[x_size];
  for(i=0;i<x_size;i++){
    maze[i]=new int[y_size];
  }

  //迷路の初期化（迷路の周りに壁を設定）
  for(i=0;i<x_size;i++){
    for(j=0;j<y_size;j++){
      if(i==0 || j==0 || i==(x_size-1) || j==(y_size-1)){
        maze[i][j]=-1;
```

迷路の設定

図 3.31　動作確認を行うための main 関数（前半）

```
    }
    else{
      maze[i][j]=0;
    }
  }
}

//壁の設定
maze[2][2]=-1;
maze[3][2]=-1;
maze[6][3]=-1;
maze[7][3]=-1;
maze[8][3]=-1;
maze[2][6]=-1;
maze[2][7]=-1;
maze[3][6]=-1;
maze[6][7]=-1;

//報酬の設定
maze[8][6]=10;

for(i=0;i<x_size;i++){
  for(j=0;j<y_size;j++){
    printf("%3d",maze[i][j]);
  }
  printf("¥n");
}

printf("¥n");
```

迷路の設定

迷路の表示

図 3.31（つづき）

```
  int s;
  for(i=0;i<x_size;i++){
    for(j=0;j<y_size;j++){
      s=xy2s(i,j,x_size);
      printf("%3d",s);
    }
    printf("¥n");
  }

  int x,y,a,sd;
  x=1;
  y=1;

  //右
  a=0;
  sd = move(a,x,y,x_size);
  printf("x=%d,y=%d,sd=%d¥n",x,y,sd);
  //下
  a=1;
  sd = move(a,x,y,x_size);
  printf("x=%d,y=%d,sd=%d¥n",x,y,sd);
  //左
  a=2;
  sd = move(a,x,y,x_size);
  printf("x=%d,y=%d,sd=%d¥n",x,y,sd);
  //上
  a=3;
  sd = move(a,x,y,x_size);
  printf("x=%d,y=%d,sd=%d¥n",x,y,sd);

  for(i=0;i<x_size;i++){
    delete[] maze[i];
  }
  delete[] maze;

  return 0;
}
```

すべての座標を状態に変換して表示

初期位置

右，下，左，上に順に移動して，位置と状態を表示

メモリを解放

図3.32　動作確認を行うためのmain関数（後半）

```
-1 -1 -1 -1 -1 -1 -1 -1 -1
-1  0  0  0  0  0  0  0 -1
-1  0 -1  0  0  0 -1 -1 -1
-1  0 -1  0  0  0 -1  0 -1
-1  0  0  0  0  0  0  0 -1
-1  0  0  0  0  0  0  0 -1
-1  0  0 -1  0  0  0 -1 -1
-1  0  0 -1  0  0  0  0 -1
-1  0  0 -1  0  0 10  0 -1
-1 -1 -1 -1 -1 -1 -1 -1 -1

 0 10 20 30 40 50 60 70 80
 1 11 21 31 41 51 61 71 81
 2 12 22 32 42 52 62 72 82
 3 13 23 33 43 53 63 73 83
 4 14 24 34 44 54 64 74 84
 5 15 25 35 45 55 65 75 85
 6 16 26 36 46 56 66 76 86
 7 17 27 37 47 57 67 77 87
 8 18 28 38 48 58 68 78 88
 9 19 29 39 49 59 69 79 89
a=0,x=1,y=2,sd=21
a=1,x=2,y=2,sd=22
a=2,x=2,y=1,sd=12
a=3,x=1,y=1,sd=11
```

迷路

状態の番号

移動結果

図 3.33　実行例

■ソースコード 3.6　ロボットの移動

```
 1  #include <stdio.h>
 2
 3
 4  int move(int a, int &x, int &y, int x_size);
 5  int xy2s(int x, int y, int x_size);
 6
 7  int main()
 8  {
 9    int x_size=10;
          //x軸方向の迷路の大きさ（x_size=10のときには，xは0から9の値をとる）
10    int y_size=9;
11    int **maze;
12    int i,j;
13
14    maze=new int*[x_size];
15    for(i=0;i<x_size;i++){
16      maze[i]=new int[y_size];
17    }
18
```

```
19      //迷路の初期化（迷路の周りに壁を設定）
20      for(i=0;i<x_size;i++){
21        for(j=0;j<y_size;j++){
22          if(i==0 || j==0 || i==(x_size-1) || j==(y_size-1)){
23            maze[i][j]=-1;
24          }
25          else{
26            maze[i][j]=0;
27          }
28        }
29      }
30
31      //壁の設定
32      maze[2][2]=-1;
33      maze[3][2]=-1;
34      maze[6][3]=-1;
35      maze[7][3]=-1;
36      maze[8][3]=-1;
37      maze[2][6]=-1;
38      maze[2][7]=-1;
39      maze[3][6]=-1;
40      maze[6][7]=-1;
41
42      //報酬の設定
43      maze[8][6]=10;
44
45      for(i=0;i<x_size;i++){
46        for(j=0;j<y_size;j++){
47          printf("%3d",maze[i][j]);
48        }
49        printf("¥n");
50      }
51
52      printf("¥n");
53
54      int s;
55      for(i=0;i<x_size;i++){
56        for(j=0;j<y_size;j++){
57          s=xy2s(i,j,x_size);
58          printf("%3d",s);
59        }
60        printf("¥n");
61      }
62
63      int x,y,a,sd;
64      x=1;
65      y=1;
```

```
 66
 67     //右
 68     a=0;
 69     sd = move(a,x,y,x_size);
 70     printf("x=%d,y=%d,sd=%d¥n",x,y,sd);
 71     //下
 72     a=1;
 73     sd = move(a,x,y,x_size);
 74     printf("x=%d,y=%d,sd=%d¥n",x,y,sd);
 75     //左
 76     a=2;
 77     sd = move(a,x,y,x_size);
 78     printf("x=%d,y=%d,sd=%d¥n",x,y,sd);
 79     //上
 80     a=3;
 81     sd = move(a,x,y,x_size);
 82     printf("x=%d,y=%d,sd=%d¥n",x,y,sd);
 83
 84     for(i=0;i<x_size;i++){
 85       delete[] maze[i];
 86     }
 87     delete[] maze;
 88
 89     return 0;
 90   }
 91
 92
 93
 94   int move(int a, int &x, int &y, int x_size){
 95
 96     if( a == 0){
 97       y = y + 1;
 98     }
 99     else if( a == 1 ){
100       x = x + 1;
101     }
102     else if( a == 2 ){
103           y = y - 1;
104     }
105     else{
106           x = x - 1;
107     }
108
109     int sd;
110     sd =  xy2s(x,y,x_size);
111
112     return sd;
```

```
113 }
114
115 int xy2s(int x, int y, int x_size){
116   int s;
117   s = x + y * x_size;
118   return s;
119 }
```

ソースコードの説明

9 〜 12 行目は使用する変数の宣言である．ここで maze は，迷路を表現するための 2 次元配列であり，xy 座標系と配列の添え字の関係は図 3.27 に示した通りである．なお，配列の添え字と xy とが対応するように，通常の座標系を時計回りに 90 度回転したものを用いていることに注意されたい．

14 〜 17 行目では，maze のメモリ空間を動的に確保しており，20 〜 29 行目において値を初期化している．ここでは，迷路の外周に -1 を代入し，それ以外には 0 を代入している．

32 〜 40 行目は壁の設定であり，図 3.27 に示された迷路の壁に相当する部分に -1 を代入している．43 行目は報酬であり，チーズの位置に 10 を設定している．

45 〜 50 行目は，迷路を表示するための記述であり，これにより，maze に正しく値が代入されていることが確認できる．

54 〜 61 行目は，迷路の xy 座標系での位置を状態に変換する関数のテストを行うための記述であり，迷路の各位置に対応した状態番号が表示される．

63 〜 82 行目は，ロボットの移動をシミュレートする関数のテストを行う記述であり，右，下，左，上の順にすべての方向への移動を試している．

84〜87 行目は，maze のために確保されたメモリを解放するための記述である．

94 〜 113 行目は，ロボットの移動をシミュレートする関数であり，指定された行動に合わせて，x，y の値を変化させるとともに，移動後の状態を戻り値として返している．ここで，x および y は，参照として渡されている点に注意されたい．これにより，x，y は引数としてだけでなく，戻り値としても使われている．

115 〜 119 行目は，xy 座標系での位置を状態に変換する関数である．図 3.25 で示したように，左上から順に通し番号を振る形で状態を定めている．

3.2.6 関数の統合と学習の実現

チーズ製造機のところで作成した学習のための関数を組み込み，迷路問題の学習を行う．学習を行うためのフローチャートを**図 3.34** に，変数の一覧を**表 3.3** に，main 関数を**図 3.35** ～**図 3.38** に，プログラム全体を**ソースコード 3.7** に示す．今回の設定では，壁にぶつかった場合とチーズを発見した場合には，再びスタート地点（初期位置）に戻って，次の試行を行う設定としている．

学習結果の一例を**図 3.39** に示す．ここでは，各位置において最も高い Q 値を持つ行動を矢印を用いて表している．矢印をたどることで，各地点から報酬に向かって移動することが可能であり，正しく学習が行われていることが確認できる．

なお，0 と表示されている部分は，まだ学習が完了していない地点であり，さらに試行回数を増やすことでこれらの場所における政策も獲得することが可能である．

表 3.3　変数

変　数	用　途
**Qtable	Q 値を格納するための配列のポインタ
Qmax	Q 値の最大値
reward	報酬
alpha	学習係数
gamma	減衰係数
epsilon	行動を無作為に選ぶ確率〔%〕
num_trial	試行回数
num_step	1 試行において行動を選択する回数
num_a	行動の数
num_s	状態の数
a	行動
s	状態
sd	行動の実行によって遷移する状態
maze	迷路を表現するための配列のポインタ
x	迷路上での位置の x 座標
y	迷路上での位置の y 座標
x_size	迷路の大きさ（x 軸方向）
y_size	迷路の大きさ（y 軸方向）
x_init	初期位置（x 座標）
y_init	初期位置（y 座標）

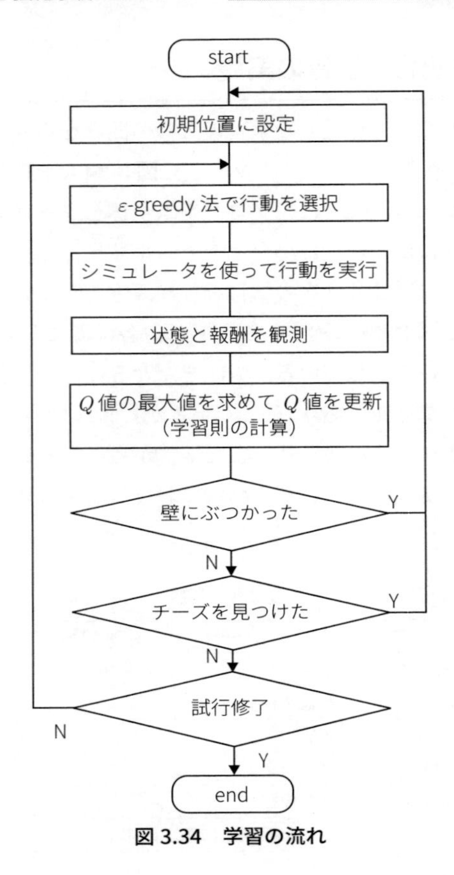
start
初期位置に設定
ε-greedy 法で行動を選択
シミュレータを使って行動を実行
状態と報酬を観測
Q 値の最大値を求めて Q 値を更新
（学習則の計算）
壁にぶつかった
Y
N
チーズを見つけた
Y
N
試行修了
N
Y
end

図 3.34　学習の流れ

```
int main()
{
  int x_size;
    //x軸方向の迷路の大きさ（x_size=10のときには，xは0から9の値をとる）
  int y_size;
  double alpha, gamma;
  int x, y, x_init, y_init;
  int **maze;
  int num_step;//1試行におけるQ値の更新回数
  int num_trial;//試行回数
  int i,j;
  int a,s,sd;
  int num_a;
  int num_s;
  double **Qtable;
  int reward;
  double Qmax;
  int epsilon;

  //パラメータの設
  alpha=0.5;
  gamma=0.9;
  epsilon=10;
  x_size=10;
  y_size=9;
  x_init=1;
  y_init=1;
  num_step=100;
  num_trial=300;
  num_a=4;
  num_s=x_size*y_size;

  //乱数の初期化
  srand( (unsigned)time( NULL ) );

  //Q-table
  Qtable=new double*[num_s];
  for(i=0;i<num_s;i++){
    Qtable[i]=new double[num_a];
  }

  //Q-tableの初期化
  for(i=0;i<num_s;i++){
    for(j=0;j<num_a;j++){
      Qtable[i][j]=0;
    }
  }
```

変数の宣言

学習および迷路に使用する定数の設定

乱数の初期化

Q値を保存する配列の確保と初期化

図 3.35　main 関数（初期設定）

```
maze=new int*[x_size];
for(i=0;i<x_size;i++){
  maze[i]=new int[y_size];
}


for(i=0;i<x_size;i++){
  for(j=0;j<y_size;j++){
    if(i==0 || j==0 || i==(x_size-1) || j==(y_size-1)){
      maze[i][j]=-1;
    }
    else{
      maze[i][j]=0;
    }
  }
}

//壁の設定
maze[2][2]=-1;
maze[3][2]=-1;
maze[6][3]=-1;
maze[7][3]=-1;
maze[8][3]=-1;
maze[2][6]=-1;
maze[2][7]=-1;
maze[3][6]=-1;
maze[6][7]=-1;
```


図 3.36　main 関数（迷路の設定）

```
//報酬の設定
maze[8][6]=10;

for(i=0;i<x_size;i++){
  for(j=0;j<y_size;j++){
    printf("%3d",maze[i][j]);
  }
  printf("¥n");
}

//初期位置に設定
x=x_init;
y=y_init;
s=xy2s(x,y,x_size);
```


図 3.37　main 関数（学習）

```
//学習開始
for(i=0;i<num_trial;i++){
  printf("trial=%d¥n",i);
  for(j=0;j<num_step;j++){
    a=epsilon_greedy(epsilon,s,num_a,Qtable);
    sd = move(a,x,y,x_size);
    reward=maze[x][y];
    Qmax=max_Qval(sd,num_a,Qtable);
    Qtable[s][a]=(1 - alpha) * Qtable[s][a] +
                alpha * ((double)reward + gamma * Qmax);

    if(reward<0){
      //失敗
      x=x_init;
      y=y_init;
      s=xy2s(x,y,x_size);
      printf("失敗¥n");
      break;
    }
    else if(reward>0){
      //成功
      x=x_init;
      y=y_init;
      s=xy2s(x,y,x_size);
      printf("成功¥n");
      break;
    }
    else{
      //続行
      s=sd;
    }
  }
}
```


図 3.37（つづき）

```
  for(x=0;x<x_size;x++){
    for(y=0;y<y_size;y++){
      s=xy2s(x,y,x_size);
      Qmax=max_Qval(s,num_a,Qtable);
      if(Qmax==0){
        printf("%3d",maze[x][y]);
      }
      else{
        a=select_action(s,num_a,Qtable);
        if(a==0){
          printf(" →");
        }
        else if(a==1){
          printf(" ↓");
        }
        else if(a==2){
          printf(" ←");
        }
        else{
          printf(" ↑");
        }
      }
    }
    printf("¥n");
  }                                                  学習結果を表示


  for(i=0;i<num_s;i++){
    delete[] Qtable[i];
  }
  delete[] Qtable;

  for(i=0;i<x_size;i++){
    delete[] maze[i];
  }
  delete[] maze;

  return 0;
}                                                    メモリを解放
```

図3.38　main関数（学習結果の表示）

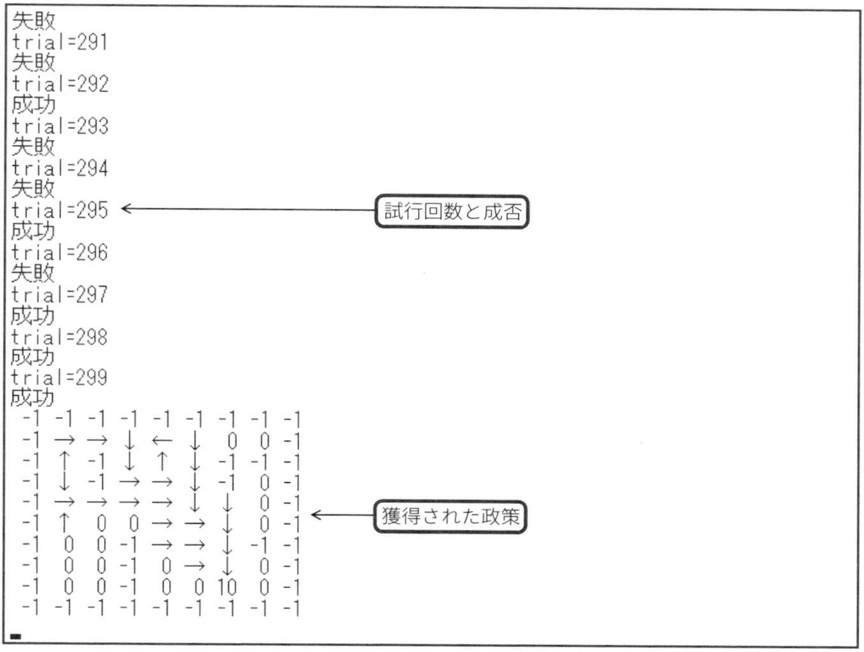

```
失敗
trial=291
失敗
trial=292
成功
trial=293
失敗
trial=294
失敗
trial=295
成功
trial=296
失敗
trial=297
成功
trial=298
成功
trial=299
成功
 -1 -1 -1 -1 -1 -1 -1 -1 -1
 -1 →  →  ↓  ←  ↓   0  0 -1
 -1 ↑  -1 ↓  ↑  ↓  -1 -1 -1
 -1 ↓  -1 →  →  ↓  -1  0 -1
 -1 →  →  →  →  ↓  ↓   0 -1
 -1 ↑   0  0 →  →  ↓   0 -1
 -1  0  0 -1 →  →  ↓  -1 -1
 -1  0  0 -1  0 →  ↓   0 -1
 -1  0  0 -1  0  0 10  0 -1
 -1 -1 -1 -1 -1 -1 -1 -1 -1
```

試行回数と成否

獲得された政策

図 3.39　学習結果

■ソースコード 3.7　迷路

```
1  #include <stdio.h>
2  #include <time.h>
3  #include <stdlib.h>
4
5  int move(int a, int &x, int &y, int x_size);
6  int xy2s(int x, int y, int x_size);
7  int select_action(int s, int num_a, double** Qtable);
8  double max_Qval(int s, int num_a, double** Qtable);
9  int epsilon_greedy(int epsilon,int s, int num_a, double** Qtable);
10
11 int main()
12 {
13   int x_size;
         //x軸方向の迷路の大きさ（x_size=10のときには，xは0から9の値をとる）
14   int y_size;
15   double alpha, gamma;
16   int x, y, x_init, y_init;
17   int **maze;
```

```
18    int num_step;//1試行におけるQ値の更新回数
19    int num_trial;//試行回数
20    int i,j;
21    int a,s,sd;
22    int num_a;
23    int num_s;
24    double **Qtable;
25    int reward;
26    double Qmax;
27    int epsilon;
28
29    //パラメータの設定
30    alpha=0.5;
31    gamma=0.9;
32    epsilon=10;
33    x_size=10;
34    y_size=9;
35    x_init=1;
36    y_init=1;
37    num_step=100;
38    num_trial=300;
39    num_a=4;
40    num_s=x_size*y_size;
41
42    //乱数の初期化
43    srand( (unsigned)time( NULL ) );
44
45    //Q-table
46    Qtable=new double*[num_s];
47    for(i=0;i<num_s;i++){
48      Qtable[i]=new double[num_a];
49    }
50
51    //Q-tableの初期化
52    for(i=0;i<num_s;i++){
53      for(j=0;j<num_a;j++){
54        Qtable[i][j]=0;
55      }
56    }
57
58
59    //迷路
60    maze=new int*[x_size];
61    for(i=0;i<x_size;i++){
62      maze[i]=new int[y_size];
63    }
64
```

```
65    //迷路の初期化（迷路の周りに壁を設定）
66    for(i=0;i<x_size;i++){
67      for(j=0;j<y_size;j++){
68        if(i==0 || j==0 || i==(x_size-1) || j==(y_size-1)){
69          maze[i][j]=-1;
70        }
71        else{
72          maze[i][j]=0;
73        }
74      }
75    }
76
77    //壁の設定
78    maze[2][2]=-1;
79    maze[3][2]=-1;
80    maze[6][3]=-1;
81    maze[7][3]=-1;
82    maze[8][3]=-1;
83    maze[2][6]=-1;
84    maze[2][7]=-1;
85    maze[3][6]=-1;
86    maze[6][7]=-1;
87
88    //報酬の設定
89    maze[8][6]=10;
90
91    for(i=0;i<x_size;i++){
92      for(j=0;j<y_size;j++){
93        printf("%3d",maze[i][j]);
94      }
95      printf("¥n");
96    }
97
98    //初期設定
99    x=x_init;
100   y=y_init;
101   s=xy2s(x,y,x_size);
102
103   //学習開始
104   for(i=0;i<num_trial;i++){
105     printf("trial=%d¥n",i);
106     for(j=0;j<num_step;j++){
107       a=epsilon_greedy(epsilon,s,num_a,Qtable);
108       sd = move(a,x,y,x_size);
109       reward=maze[x][y];
110       Qmax=max_Qval(sd,num_a,Qtable);
111       Qtable[s][a]=(1 - alpha) * Qtable[s][a] +
```

```
                    alpha * ((double)reward + gamma * Qmax);
112
113       if(reward<0){
114         //失敗
115         x=x_init;
116         y=y_init;
117         s=xy2s(x,y,x_size);
118         printf("失敗¥n");
119         break;
120       }
121       else if(reward>0){
122         //成功
123         x=x_init;
124         y=y_init;
125         s=xy2s(x,y,x_size);
126         printf("成功¥n");
127         break;
128       }
129       else{
130         //続行
131         s=sd;
132       }
133     }
134   }
135
136
137   //政策の表示
138   for(x=0;x<x_size;x++){
139     for(y=0;y<y_size;y++){
140       s=xy2s(x,y,x_size);
141       Qmax=max_Qval(s,num_a,Qtable);
142       if(Qmax==0){
143         printf("%3d",maze[x][y]);
144       }
145       else{
146         a=select_action(s,num_a,Qtable);
147         if(a==0){
148           printf(" →");
149         }
150         else if(a==1){
151           printf(" ↓");
152         }
153         else if(a==2){
154           printf(" ←");
155         }
156         else{
157           printf(" ↑");
```

```
158          }
159        }
160      }
161      printf("¥n");
162    }
163
164
165    for(i=0;i<num_s;i++){
166      delete[] Qtable[i];
167    }
168    delete[] Qtable;
169
170    for(i=0;i<x_size;i++){
171      delete[] maze[i];
172    }
173    delete[] maze;
174
175    return 0;
176  }
177
178
179  int move(int a, int &x, int &y, int x_size){
180
181    if( a == 0){
182      y = y + 1;
183    }
184    else if( a == 1 ){
185      x = x + 1;
186    }
187    else if( a == 2 ){
188          y = y - 1;
189    }
190    else{
191          x = x - 1;
192    }
193
194    int sd;
195    sd =  xy2s(x,y,x_size);
196
197    return sd;
198  }
199
200  int xy2s(int x, int y, int x_size){
201    int s;
202    s = x + y * x_size;
203    return s;
204  }
```

```
205
206 int select_action(int s, int num_a, double** Qtable){
207   double max;
208   int i=0;
209   int* i_max = new int[num_a];
210   int num_i_max=1;
211   int a;
212
213   i_max[0]=0;
214   max=Qtable[s][0];
215
216   for(i=1;i<num_a;i++){
217     if (Qtable[s][i]>max){
218       max=Qtable[s][i];
219       num_i_max=1;
220       i_max[0]=i;
221     }
222     else if(Qtable[s][i]==max){
223       num_i_max++;
224       i_max[num_i_max-1]=i;
225     }
226   }
227
228
229   a= i_max[rand()%num_i_max];
230   return a;
231 }
232
233 double max_Qval(int s, int num_a, double** Qtable){
234   double max;
235   int i=0;
236
237   max=Qtable[s][0];
238   for(i=1;i<num_a;i++){
239     if (Qtable[s][i]>max){
240       max=Qtable[s][i];
241     }
242   }
243   return max;
244 }
245
246 int epsilon_greedy(int epsilon, int s, int num_a, double** Qtable){
247   int a;
248   if(epsilon > rand()%100){
249     //無作為に行動を選択
250     a=rand()%num_a;
251     //printf("無作為に選択¥n");
```

```
252     }
253     else{
254       //最大のQ値を持つ行動を選択
255       a=select_action(s,num_a,Qtable);
256     }
257     return a;
258   }
```

ソースコードの説明

13 ～ 101 行目は，変数の宣言および初期設定である．

103 行目から試行が開始される．迷路問題では，1 試行は，スタートからゴールまでの一連の流れであり，この間，複数回の行動が実行され，Q 値も複数回更新される．このため，ループは試行を行うためのループ（104 行目）と，その中で，行動を選択して実行するためのループ（106 行目）の 2 重ループ構造となる．

107 行目は，行動を選択するための記述であり，ε-greedy 法を用いて選択している．108 行目は，エージェントを移動させる命令であり，選択された行動に合わせてエージェントが移動し，移動後の状態が sd に格納される．109 行目では，移動後の場所に設定されている報酬（罰）を reward に代入している．110 行目で遷移先の状態における Q 値の最大値を求め，これと reward をもとに，111 行目で Q 値を更新する．

113 ～ 132 行目は，試行の成否の判別である．壁にぶつかった場合には，“失敗”と表示し，エージェントを初期位置に戻して，この試行を終了し，次の試行へと移る（114 ～ 119 行目）．同様にチーズに到達した場合には，“成功”と表示し，エージェントを初期位置に戻して，この試行を終了し，次の試行へと移る（122 ～ 127 行目）．どちらでもない場合は，現在の状態に遷移先の状態を代入し，試行を継続する（130 ～ 131 行目）．

138 ～ 162 行目が学習された政策を表示するための記述である．

138 および 139 行目において 2 重ループを作り，迷路のすべての位置に対して政策の表示を行っている．141 行目において Q 値の最大値を求め，142 行目において Q 値の最大値が初期値の 0 のままであるかどうかを判別している．壁や報酬などが設置されている位置では，試行が打ち切られ Q 値が更新されず初期値のままであるので，これを利用し，Q 値の最大値が 0 である位置には，そのまま maze の内容を表示することで，壁と報酬を表示している（143 行目）．

それ以外の場合には，各位置において Q 値が最大となる行動を選択し（146行目），この行動に合わせて矢印を表示することで政策を表示している（147～158行目）．

165～173行目で，Qtable および maze のメモリを解放し，175行目で main 関数は終了する．179行目以降の各関数は，これまで述べたものと同一である．

第4章

実ロボットへの適用

4.1　ライントレースロボットへの実装

4.1.1　ライントレースロボット

実ロボットへの実装例として，ライントレースロボットへの実装を行う．ロボットには，ヴィストン社製のビュートローバー H8（VS-93148）を用いる．**図 4.1** にロボットの外観を示す．

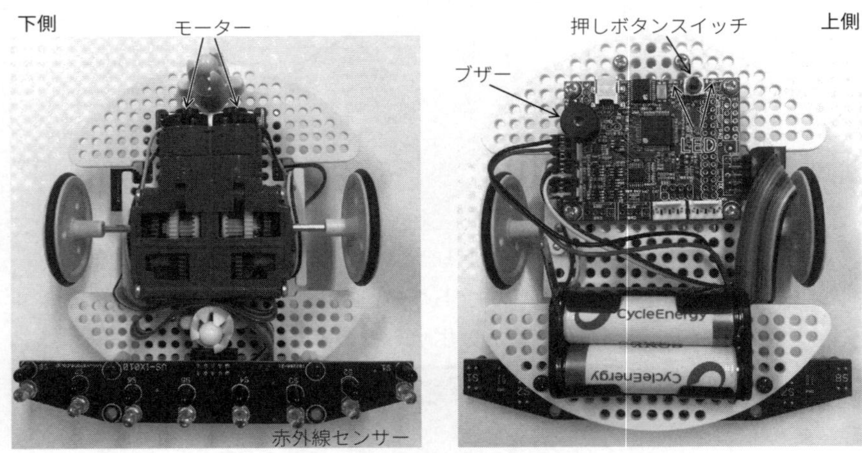

図 4.1　ライントレースロボット

ロボットのコントロールボードには，ルネサスエレクトロニクス社製のH8マイコンが搭載されたオールインワンタイプのCPUボード（VS-WRC003LV）が用いられている．また，このCPUボードには，2チャンネルのモーター制御出力が用意されており，C言語で記述したプログラムによって，2つのモーターを直接駆動することができる．さらに，2つのLEDと，ブザー，ボタン型のスイッチを搭載しており，これらもプログラムから呼び出すことが可能である．本書では，さらに拡張機能として用意されている8連赤外線センサーボードVS-IX010を追加し，この8つの赤外線センサーを用いてラインの検出を行う．

プログラムの開発には，ルネサスエレクトロニクス社製の統合開発環境HEWを用いる．**図4.2**に示すように，HEWのインストールされたPC上でC言語を用いてプログラミングを行い，コンパイルにより生成されたファイルをUSBケーブルを介してロボットのマイコンに転送する．実行時には，USBケーブルは外され，ロボット単体で動作する．このとき，プログラムはロボットのマイコンにより実行されるため，プログラムは使用するマイコンに合わせて記述する必要がある．本章では，第3章で述べたプログラムをCPUボード（VS-WRC003LV）に合わせてカスタマイズして用いる．

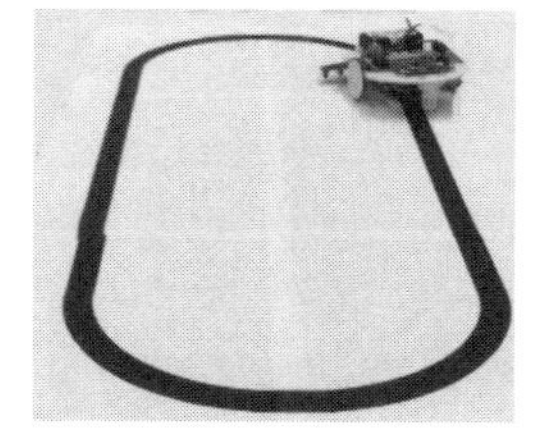

図4.2　開発時と実行時の手順

以下に，VS-WRC003LVに用意されている関数の使い方を簡単に説明する．なお，ここで紹介する関数は，ヴイストン社により，このCPUボード用に提供されているものであり，標準のC言語の規格に含まれていないため，これらの関数を使用するためには，適宜，ライブラリを読み込む必要がある．詳しくは，VS-WRC003LVに付属の説明書ならびに，参考文献[4-1]を参照されたい．

図4.3に，LEDを点灯させるための関数の使用例を示す．CPUボードには，オレンジと緑の2つのLEDが搭載されており，`LED()`という関数を用いることで，点灯さることができる．点灯と消灯の切り替え，および，どのLEDを点灯させるかは，引数の値により決まる．引数と点灯するLEDとの関係は，図4.3に示す通りである．

```
LED(0); //両方消灯
Wait(1000); //一秒待機
LED(1); //オレンジを点灯
Wait(1000); //一秒待機
LED(2); // 緑を点灯
Wait(1000); //一秒待機
LED(3); //両方点灯
Wait(1000); //一秒待機
```

図4.3　LEDの点灯方法

次に，ブザーの鳴らし方について説明する．ブザーは，`BuzzerSet`関数を用いて音の高さと音量を設定し，`BuzzerStart`関数を実行することで，設定した音を鳴らすことができる．また，音を止めるためには，`BuzzerStop`関数を用いる．

図4.4にブザーの使用例を示す．ここでは，簡単のため，事前に各音階を指定するための数値を`onkai`という配列に入れておき，この配列を使って，音階を設定する例となっている．

```
onkai[0]=220;  //ド
onkai[1]=196;  //レ
onkai[2]=175;  //ミ
onkai[3]=165;  //ファ
onkai[4]=147;  //ソ
onkai[5]=131;  //ラ
onkai[6]=117;  //シ
onkai[7]=110;  //ド

BuzzerSet(onkai[2],0x80);

BuzzerStart();

Wait(2000);

BuzzerStop();
```


図 4.4　ブザーの鳴らし方

次に，押しボタンスイッチの使用例を**図 4.5** に示す．

```
while(!getSW()){

  コード

}
```


図 4.5　押しボタンスイッチの使い方

この例では，while 文が実行されるたびに，getSW() が実行され，ボタンの状態が取得される．ボタンが押されていないときには，getSW() が 0 を返すため，それが！演算子によって反転されて 1 となり，while 文は，そのまま繰り返され続ける．いったんボタンが押されると getSW() が 1 を返すため，それが！演算子によって反転されて 0 となり，while 文から抜け出す．このように，押しボタンを使うことで，ループの開始や終了を外部から指示することができる．

次に，モーターを動かすための関数を説明する．VS-WRC003LV は，モータードライバを2チャンネル有しており，同時に2つのモーターを動かすことができる．ビュートローバーは，2つのタイヤを別々のモーターを用いて駆動する構成となっており，**図4.6**に示すように，2つのモーターを同時に動かすことで直進し，片方のモーターのみを動かすことで旋回することができる．なお，モーターやギアボックスに個体差があるため，Mtr_Run関数の引数に同じ大きさの値を設定したとしても，モーターの回転速度は同一とはならない．このため，実際の使用に当たっては，個体差を考慮し，それぞれの値を実測値を用いて事前に調整する必要があるので注意されたい．

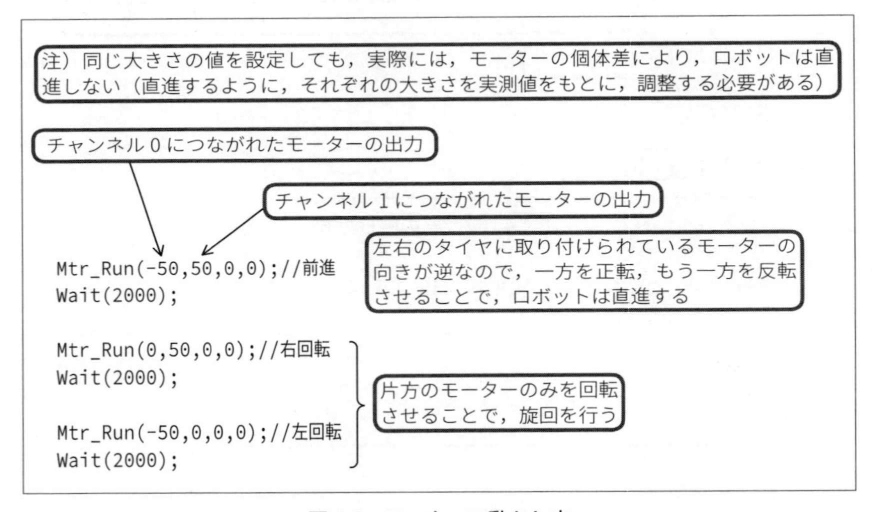

図4.6　モーターの動かし方

最後に，赤外線センサーの使い方を説明する．赤外線センサーは，IXBUSを介してつながれているため，**図4.7**に示すように，最初に，IXBUSを初期化し，その後，Get_IX008関数を実行することで値を取得することができる．Get_IX008関数に，引数として，センサーの値を格納するための配列（data）を渡すことで，センサー0からセンサー7までの8つのセンサーの値が，data[0]からdata[7]にそれぞれ格納される．

```
unsigned int data[8];          赤外線センサーの取得した値を入れるための
                               配列をunsigned int型で宣言する
                               センサーの数は8個なので配列の大きさも8
unsigned int a;
unsigned int b;



I2C_init();   //IXBUS初期化    センサの一値を取り込むためにIXBUS
                               を用いているため，これを初期化

Get_IX008(0x90,data);          センサーの値を読み込むための関数
                               （ヴイストン社により提供）
                               dataの配列をこの関数に渡すことで，
                               配列にセンサーの値が格納される

a=data[0];                     使用例
b=data[7];                     変数aにセンサー0の値を格納
                               変数bにセンサー7の値を格納
```

図 4.7　赤外線センサーの使い方

なお，各センサーには個体差があるため，同じ対象を計測した場合でも計測される値は異なる．また，ライントレースの場合は，電灯などの環境の要因によっても取得される値が異なるため，事前に調整が必要である．**図 4.8** に調整に使用するプログラムを示す．

```
void main(void)
{
  //制御周期の設定[単位：Hz　範囲：30.0~]
  const BYTE MainCycle = 60;
  unsigned int data[8];

  unsigned int onkai[8];
  int sw;

  Init((BYTE)MainCycle);  //CPUの初期設定
  I2C_init();    //IXBUS初期化

  onkai[0]=220;//ド
  onkai[1]=196;//レ         ブザーの音階を設定
  onkai[2]=175;//ミ
```

図 4.8　センサーの値を確認するためのプログラム

```
  onkai[3]=165;//ファ
  onkai[4]=147;//ソ
  onkai[5]=131;//ラ
  onkai[6]=117;//シ
  onkai[7]=110;//ド

  //ループ
  sw=8;
  LED(0);                初期値を設定（LED は消灯）
  while(1){
    Sync();

    if(getSW()==1){
      sw++;              スイッチが押されるたびに sw の値を一つ増やす
      if(sw==8){
        BuzzerStop();
        LED(0);
      }
      else{              sw が 8 になると，リセットし，音を止め，LED を消灯
        if(sw>8){
          sw=0;          sw が 8 になると，0 に戻す
        }
        BuzzerSet(onkai[sw],0x80);
        BuzzerStart();
      }
    }                    sw が 8 未満のときは，sw に合わせた音階でブザーを鳴らす

    if (sw<8){
      Get_IX008(0x90,data); //addr = 0x90、8個の値を受信

      if(data[sw] < 300 ) LED(0);
      else if(data[sw] < 1000)  LED(1);
      else if(data[sw] < 2000)  LED(2);
      else LED(3);       data[sw] の大きさに合わせて LED を点灯
    }

    Wait(100);
  }

}
```

図 4.8（つづき）

このプログラムでは，センサーの値に応じて，LED が「消灯」，「オレンジが点灯」，「緑が点灯」，「両方点灯」と切り替わる仕様になっている．また，ボタン

スイッチを押すたびに，対象とするセンサーがセンサー 0 から順に切り替わっていく仕様になっており，どのセンサーの値を LED が表示しているかを，ブザーの音階によって知らせる設定となっている．LED を光らせるための `if` 文の条件を適宜変えることで，センサーの反応している値を大まかに把握することができる．

4.1.2 ライントレース

本節で扱うライントレースロボットの学習目標は，**図 4.9** に示すような環境において，ラインを見失うことなく，ライン上を走行できるようになることである．

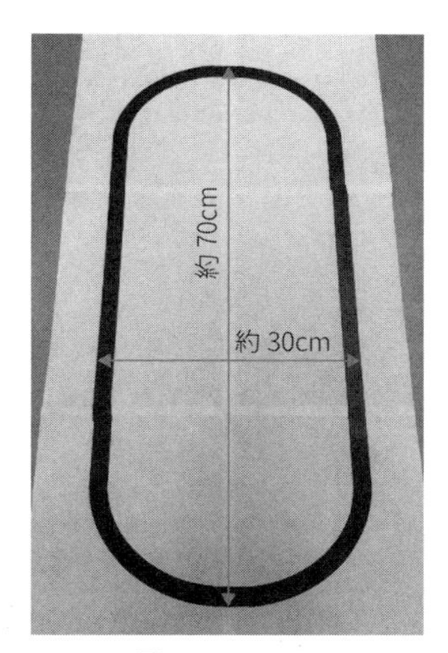

図 4.9　コース

先に述べたように，ライントレースロボットには，8 つの赤外線センサーが搭載されており，各センサーの下にラインがあるか否かをセンサーの値をもとに判別することが可能である．また，左右のタイヤは，それぞれ別々のモーターにより駆動される構造となっており，左右のタイヤの回転速度に差を設けることで旋回することが可能である．

本節では，赤外線センサーの値を用いて状態を構成し，また，左右のモーターの駆動力を制御することで旋回（行動）を行う．状態・行動空間の構成方法については，次項で述べる．

4.1.3 学習プログラムの実装

(1) 状態・行動空間の構成

赤外線センサーの値をもとに状態を構成する．**図 4.10** に赤外線センサーと状態との対応を示す．まず，両端のセンサーを除く6つのセンサーを2つずつペアとして3つの状態を構成し，ペアとなるセンサーのうち，少なくとも一つがラインを検知した場合に，ラインはその状態の位置にあると見なす．例えば，センサー2がラインを検知した場合には，状態は1となる．

また，それ以外の状態はすべて状態3として扱い，すべてのセンサーがラインを検出できなかった場合，ならびに，どちらか一方の端のセンサーがラインを検知した場合は，状態は3となる．これにより状態は，

- 状態0：ラインは中央にある
- 状態1：ラインは右側にある
- 状態2：ラインは左側にある
- 状態3：それ以外

の4通りとなる．なお，この構成では，簡単のため，ラインが複数本ある場合を想定していない．したがって，ラインが交錯するなど，より複雑なコースで学習を行う場合には，状態もより複雑なものに再構成する必要がある．

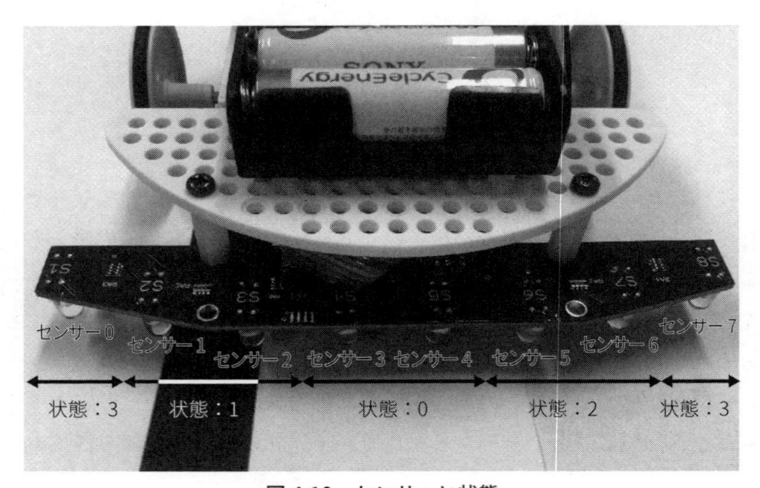

図 4.10　センサーと状態

図 4.11 に状態を取得するための関数を示す．

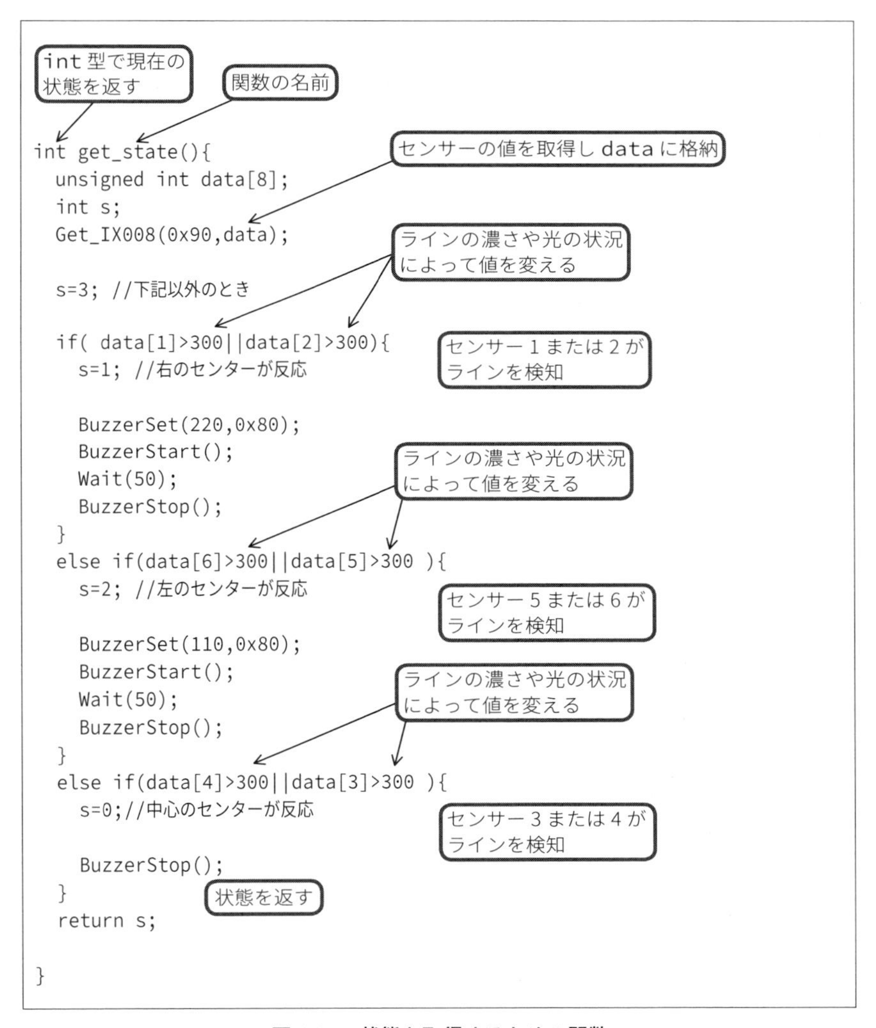

図 4.11　状態を取得するための関数

この関数では，右側のセンサーから順に，センサーの値を確認していき，ラインの場所を調べるプログラムとなっており，ラインの位置によって図 4.10 に示した状態番号を `int` 型で `main` 関数へ返す仕様となっている．

ラインを検出するための `if` 文の閾値は，ラインの色や環境の明るさなどによって異なるため，図4.8に示したプログラムなどを用いて事前に適切な値を求めておく必要がある．

図4.12に関数のテストを行うためのmain関数を，プログラムの全体を**ソースコード4.1**に示す．main関数では，スイッチボタンを押すたびに状態を取得し，状態の番号と同じ回数だけオレンジのLEDを点滅させる仕様となっている．点滅が終わると緑のLEDを点灯させ，ボタンが再び押されるまで待機状態となる．

```
void main(void)
{
  //制御周期の設定[単位：Hz 範囲：30.0~]
  const BYTE MainCycle = 60;
  int i;
  int s;

  Init((BYTE)MainCycle);     //CPUの初期設定

  LED(0);

  //ループ
  while(1){
    Sync();

    if(getSW()==1){
      s = get_state();              状態を取得
      for(i=0;i<s;i++){             状態の番号と同じ回数だけ LED が点滅
        LED(0); //消灯
        Wait(500);
        LED(1); //オレンジのLEDを点灯
        Wait(500);

      }
      LED(2);//緑のLEDを点灯

    }

  }

}
```

図4.12　動作テストを行うためのmain関数

■ソースコード 4.1　状態

```
1  int get_state();
2
3  void main(void)
4  {
5
6    const BYTE MainCycle = 60;
7    int i;
8    int s;
9
10   Init((BYTE)MainCycle);    //CPUの初期設定
11
12   LED(0);
13
14   //ループ
15   while(1){
16     Sync();
17
18     if(getSW()==1){
19       s = get_state();
20       for(i=0;i<s;i++){
21         LED(0); //消灯
22         Wait(500);
23         LED(1); //オレンジのLEDを点灯
24         Wait(500);
25
26       }
27       LED(2);//緑のLEDを点灯
28
29     }
30
31   }
32
33 }
34
35
36 int get_state(){
37   unsigned int data[8];
38   int s;
39   Get_IX008(0x90,data);
40
41   s=3; //下記以外のとき
42
43   if( data[1]>300||data[2]>300){
44     s=1; //右のセンターが反応
```

```
45
46      BuzzerSet(220,0x80);
47      BuzzerStart();
48      Wait(50);
49      BuzzerStop();
50    }
51    else if(data[6]>300||data[5]>300 ){
52      s=2; //左のセンターが反応
53
54      BuzzerSet(110,0x80);
55      BuzzerStart();
56      Wait(50);
57      BuzzerStop();
58    }
59    else if(data[4]>300||data[3]>300 ){
60      s=0;//中心のセンターが反応
61      BuzzerStop();
62    }
63    return s;
64
65  }
```

ソースコードの説明

1行目が関数の宣言であり，3行目から main 関数が始まり，6～12行目が，必要な変数の宣言と初期化である．15～31行目の while ループにおいて，ボタンスイッチが押されるたびに状態を取得し，20～26行目の for ループを用いて，状態の番号と同じ回数だけオレンジの LED を点滅させる．その後，27行目で緑の LED を点灯させて，再びボタンスイッチが押されるまで待機となる．

36行目以降が get_state 関数の中身であり，必要な変数の宣言の後，39行目においてセンサーの値を取得し，43～62行目にかけての if 文でラインの位置を特定し，状態の番号を割り出している．また，確認用に，左右のセンサーがラインを検出した場合には，左右で異なる音階のブザーを鳴らす仕様となっている．

ここで，ラインを検出するための閾値（この例では 300）は，ラインの色や環境の照明などに合わせて，適宜調整する必要がある．

(2) 報酬の設定

図 4.13 に報酬の設定を示す．センサー 3 およびセンサー 4 が反応したとき（ラインが中央にあるとき）正の報酬として 1 を，センサー 0 およびセンサー 7 が反応したとき（ラインを見失いそうになったとき）負の報酬として –100 を与えることとする．

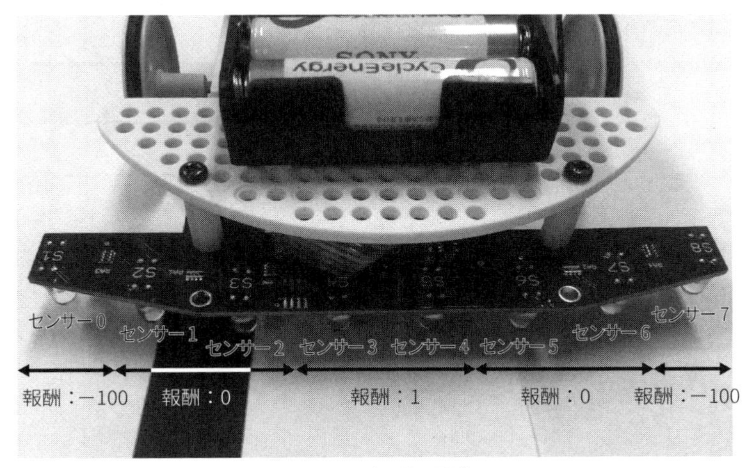

図 4.13　報酬の設定

図 4.14 に報酬を取得するための関数を示す．

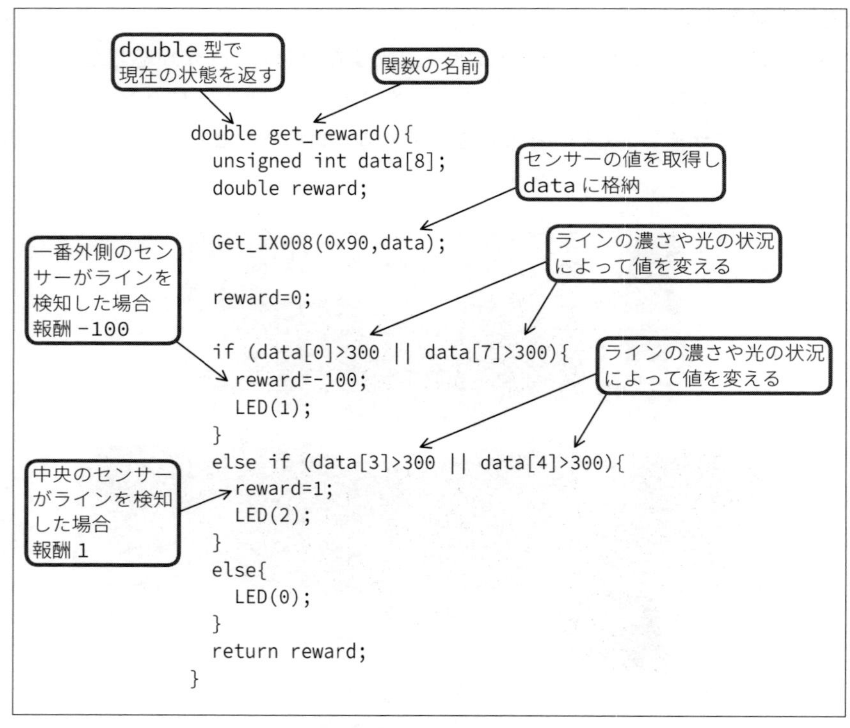

図 4.14　報酬を取得するための関数

この関数では，両端および中央のセンサーの値を確認し，ラインが検知された場合には，ラインを検知したセンサーの場所に合わせて，図 4.13 に示した値の報酬を double 型で main 関数に返す仕様となっている．

ラインを検出するための if 文の閾値は，ラインの色や環境の明るさなどによって異なるため，事前に適切な値を求めておき，状態を取得するための関数の閾値と同じ値に設定しておく必要がある．

図 4.15 に関数のテストを行うための main 関数を，プログラムの全体を**ソースコード 4.2** に示す．main 関数は，絶えず報酬の値を取得し続けるプログラムとなっており，その値に合わせて，報酬が正のときには緑の LED が，報酬が負のときにはオレンジの LED が点灯する．実際に LED の点灯を確認しながら，順次，ラインの上のセンサーの位置を変えることで，正しく報酬が取得されているか確認することができる．

```
void main(void)
{
  //制御周期の設定[単位：Hz　範囲：30.0~]
  const BYTE MainCycle = 60;
  int i;
  double reward;

  Init((BYTE)MainCycle);     //CPUの初期設定

  LED(0);


  //ループ
  while(1){
    Sync();

    reward = get_reward();
  }

}
```

報酬の値を取得
LED の点灯は get_reward 関数の中で行われる

図 4.15　動作テストを行うための main 関数

■ソースコード 4.2　報酬

```
 1  double get_reward();
 2
 3  void main(void)
 4  {
 5    const BYTE MainCycle = 60;
 6    int i;
 7    double reward;
 8
 9    Init((BYTE)MainCycle);     //CPUの初期設定
10
11    LED(0);
12
13
14    //ループ
15    while(1){
16      Sync();
17
18      reward = get_reward();
```

```
19
20    }
21
22  }
23
24
25  double get_reward(){
26    unsigned int data[8];
27    double reward;
28
29    Get_IX008(0x90,data);
30
31    reward=0;
32
33
34    if (data[0]>300 || data[7]>300){
35      reward=-100;
36      LED(1);
37    }
38    else if (data[3]>300 || data[4]>300){
39      reward=1;
40      LED(2);
41    }
42    else{
43       LED(0);
44    }
45    return reward;
46
47  }
```

ソースコードの説明

1行目は，get_reward関数の宣言であり，3行目からmain関数が始まる．5～11行目が必要な変数の宣言と初期設定である．15～20行目のwhileループにおいて，毎回，報酬の値を取得し（18行目），その値に応じて，get_reward関数の中で，異なる色のLEDを点灯させている．

25行目以降は，get_reward関数の中身である．26～27行目が必要な変数の宣言であり，29行目でセンサーの値を取得する．34～44行目で，センサーの値からラインの有無を判断して報酬の値を求めるとともに，その値に応じてLEDを点灯させる．ここで，ラインを検知するための閾値の大きさ（この例では300）は，ラインの色や環境の照明などに合わせて調整する必要があり，図

4.11 に示した状態を取得するための閾値と同一の値に設定しておく必要がある．

(3) 行動の構成

行動は，前進，右旋回，左旋回の 3 つとする．**図 4.16** に，行動を実現するための関数を示す．この例では，Mtr_Run 関数に渡す引数の大きさを 50 としているが，モーターやギアボックスの個体差などにより，左右の出力を同じ大きさに設定しても直進しない場合がある．このような場合は，適宜，直進するように引数の大きさを 40 や 60 などに調整されたい．

値は返さない
関数の名前
実行する行動の番号を int 型で渡す
前進するように，適宜，大きさを変える

```
void move(int a){

  if (a==0){
    Mtr_Run(-50,50,0,0);
  }
  else if(a==1){
    Mtr_Run(0,50,0,0);
  }
  else{
    Mtr_Run(-50,0,0,0);
  }

}
```

前進
右旋回
左旋回

図 4.16　行動を実現するための関数

図 4.17 に関数のテストを行うための main 関数を，プログラムの全体を**ソースコード 4.3** に示す．この関数では，前進，右旋回，左旋回を順次繰り返す仕様となっている．

```
void main(void)
{
  const BYTE MainCycle = 60;

  Init((BYTE)MainCycle);     //CPUの初期設定


  //ループ
  while(1){
    Sync();
    move(0);
    Wait(1000);       前進
    move(1);
    Wait(1000);       右旋回
    move(2);
    Wait(1000);       左旋回
  }
}
```

図4.17　動作テストを行うための main 関数

■ソースコード4.3　行動

```
 1  void move(int a);
 2
 3  void main(void)
 4  {
 5    const BYTE MainCycle = 60;
 6    Init((BYTE)MainCycle);     //CPUの初期設定
 7
 8    //ループ
 9    while(1){
10      move(0);
11      Wait(1000);
12      move(1);
13      Wait(1000);
14      move(2);
15      Wait(1000);
16    }
17  }
18
19
20  void move(int a){
21
22    if (a==0){
```

```
23
24          Mtr_Run(-50,50,0,0);//前進
25      }
26      else if(a==1){
27          Mtr_Run(0,50,0,0);//右旋回
28      }
29      else{
30          Mtr_Run(-50,0,0,0);//左旋回
31      }
32
33  }
```

ソースコードの説明

1行目が，関数の宣言であり，3行目より main 関数が始まる．5～6行目でCPUの初期化を行い，9～16行目の while ループにおいて，行動を 0 から 2 まで1秒間ずつ実行する．これにより，ロボットは，前進，右旋回，左旋回を繰り返す．

20行目以降が，move 関数の中身であり，if 文を用いて，a の値に合わせて，モーターを制御するための Mtr_Run 関数の引数を変えることで，行動を生成する．なお，モーターやギアボックスの個体差などにより，左右の出力を同じ大きさに設定しても直進しない場合がある．このような場合は，適宜，直進するように Mtr_Run 関数の引数の大きさを 40 や 60 などに調整されたい．

(4) 最大値を求める関数

図 4.18 に，最大値を求めるための関数を示す．基本的な流れは，第3章に示した関数と同じであるが，マイコンで動作するよう一部修正を加えている．

引数の Qtable は2次元配列として確保されており，必要な大きさに合わせて事前に，片方の大きさを宣言しておく必要がある．

double 型で最大値を返す
関数の名前
main 関数の Qtable の大きさに合わせて設定

```
double max_Qval(int s, int num_a, double Qtable[][5]) {
  double max;
  int i = 0;

  max = Qtable[s][0];
  for (i = 1; i<num_a; i++) {
    if (Qtable[s][i]>max) {
      max = Qtable[s][i];
    }
  }
  return max;
}
```

状態が s のときの最大値を求める
max を配列の先頭の値で初期化
毎回比較して大きい方を max に残す

図 4.18　最大値を求める関数

図 4.19 に関数のテストを行うための main 関数を，**ソースコード 4.4** にプログラムの全体を示す．

このテストプログラムでは，ボタンを押すことで，最大値と同じ回数だけ LED を点滅させる仕様になっている．

```
void main(void)
{
  const BYTE MainCycle = 60;
  int i;

  double Qtable[1][5];
  int num_s=1;
  int num_a=5;
  double max=0;

  Init((BYTE)MainCycle);     //CPUの初期設定

  Qtable[0][0]=1.0;
  Qtable[0][1]=3.0;
  Qtable[0][2]=2.0;
  Qtable[0][3]=5.0;
  Qtable[0][4]=1.0;
```

Qtable の配列を確保．大きさは，学習対象に合わせて適宜変更する必要あり
Q 値の初期値を設定

図 4.19　動作テストを行うための main 関数

```
  LED(0);                                  LEDの初期設定（消灯）
  max=max_Qval(0, num_a, Qtable) ;         maxを求める

  //ループ
  while(1){
    Sync();

    if(getSW()==1){
      for(i=0;i<max;i++){
        LED(0);                  ボタンが押されたら，maxの値と同じ回数
        Wait(500);               だけオレンジのLEDを点滅
        LED(1);
        Wait(500);

      }                          緑のLEDを点灯させたまま
      LED(2);                    ボタンが押されるまで待機

    }


  }

}
```

図 4.19（つづき）

■ソースコード 4.4　最大値

```
1  double max_Qval(int s, int num_a, double Qtabl[][5]);
2
3  void main(void)
4  {
5    //制御周期の設定[単位：Hz　範囲：30.0~]
6    const BYTE MainCycle = 60;
7    int i;
8    double Qtable[1][5];
9    int num_s=1;
10   int num_a=5;
11   double max=0;
12
13   Init((BYTE)MainCycle);     //CPUの初期設定
14
15   Qtable[0][0]=1.0;
16   Qtable[0][1]=3.0;
```

```
17    Qtable[0][2]=2.0;
18    Qtable[0][3]=5.0;
19    Qtable[0][4]=1.0;
20
21    LED(0);
22
23    max=max_Qval(0, num_a, Qtable) ;
24
25    //ループ
26    while(1){
27      Sync();
28
29      if(getSW()==1){
30        for(i=0;i<max;i++){
31          LED(0);
32          Wait(500);
33          LED(1);
34          Wait(500);
35
36        }
37        LED(2);
38
39      }
40    }
41  }
42
43  double max_Qval(int s, int num_a, double Qtable[][5]) {
44    double max;
45    int i = 0;
46
47    max = Qtable[s][0];
48    for (i = 1; i<num_a; i++) {
49      if (Qtable[s][i]>max) {
50        max = Qtable[s][i];
51      }
52    }
53    return max;
54  }
```

ソースコードの説明

１行目は，関数の宣言であり，引数の Qtable[][5] の５は，main 関数で使用する Qtable の大きさに合わせて設定している．他のプログラムでこの関数を使用する場合は，そのプログラムの設定に合わせて，適宜，配列の大きさを変更する必要がある．

6 ～ 21 行目は，変数の宣言と初期設定である．23 行目において max の値を求め，26 ～ 40 行目の while ループで，max の値を LED の点滅を用いて確認する．30 ～ 36 行目が，この点滅のための for ループであり，ボタンスイッチが押されるたびにこの for ループが繰り返されるため，ボタンを押すごとに，max の値と同じ回数だけ LED が点滅する．

なお，このプログラムは，無限ループであるため，終了するには，ロボットの電源スイッチを切る必要がある．

43 ～ 54 行目が，最大値を求めるための max_Qval 関数であり，第 3 章で説明したものと同じ手順で，最大値を求めている．

(5) 最大の Q 値を持つ行動を選択する関数

図 4.20 に最大の Q 値を持つ行動を選択するための関数を示す．この関数も，最大値を求める関数と同様に，第 3 章で説明した関数をマイコン用に修正している．

int 型で行動を返す
関数の名前
main 関数の Qtable の大きさに合わせて設定

```
int select_action(int s, int num_a, double Qtable[][5]) {
  double max;
  int i = 0;
  int i_max;
  int a;

  max = Qtable[s][0];
  i_max=0;

  for (i = 1; i<num_a; i++) {
    if (Qtable[s][i]>max) {
      max = Qtable[s][i];
      i_max = i;
    }
  }
  a = i_max;
  return a;
}
```

max を配列の先頭の値で初期化
i_max には先頭を表す 0 が入る

最大値を更新し，
その場所を i_max に保存

図 4.20　最大の Q 値を持つ行動を選択する関数

図 4.21 に関数のテストを行うための main 関数を，**ソースコード 4.5** にプログラムの全体を示す．

このテストプログラムでは，ボタンを押すことで，選択された行動の番号と同じ回数だけ LED を点滅させる仕様になっている．

```
void main(void)
{
  const BYTE MainCycle = 60;
  int i;

  double Qtable[1][5];
  int num_s=1;
  int num_a=5;
  int a=0;

  Init((BYTE)MainCycle);     //CPUの初期設定

  Qtable[0][0]=1.0;
  Qtable[0][1]=8.0;
  Qtable[0][2]=2.0;                    Q 値の初期値を設定
  Qtable[0][3]=5.0;
  Qtable[0][4]=7.0;
                                       LED の初期設定（消灯）
  LED(0);
  a = select_action(0, num_a, Qtable);  a を求める

  //ループ
  while(1){
    Sync();

    if(getSW()==1){
      for(i=0;i<a;i++){
        LED(0); //消灯                  ボタンが押されたら，
        Wait(500);                     a の値と同じ回数だけ LED を点滅
        LED(1); //オレンジのLEDを点灯
        Wait(500);
      }
      LED(2);//緑のLEDを点灯            緑の LED を点灯させたまま
    }                                  ボタンが押されるまで待機
  }
}
```

図 4.21　動作テストを行うための main 関数

■ソースコード 4.5 最大の Q 値を持つ行動を選択する関数

```
1  int select_action(int s, int num_a, double Qtabl[][5]);
2
3  void main(void)
4  {
5    //制御周期の設定[単位：Hz  範囲：30.0~]
6    const BYTE MainCycle = 60;
7    int i;
8
9    double Qtable[1][5];
10   int num_s=1;
11   int num_a=5;
12   int a=0;
13
14   Init((BYTE)MainCycle);    //CPUの初期設定
15
16   Qtable[0][0]=1.0;
17   Qtable[0][1]=8.0;
18   Qtable[0][2]=2.0;
19   Qtable[0][3]=5.0;
20   Qtable[0][4]=7.0;
21
22   LED(0);
23
24   a = select_action(0, num_a, Qtable);
25
26   //ループ
27   while(1){
28     Sync();
29
30     if(getSW()==1){
31       for(i=0;i<a;i++){
32         LED(0); //消灯
33         Wait(500);
34         LED(1); //オレンジのLEDを点灯
35         Wait(500);
36
37       }
38       LED(2);//緑のLEDを点灯
39
40     }
41   }
42 }
43
44
```

```
45  int select_action(int s, int num_a, double Qtable[][5]) {
46    double max;
47    int i = 0;
48    int i_max;
49    int a;
50
51    max = Qtable[s][0];
52    i_max=0;
53
54    for (i = 1; i<num_a; i++) {
55      if (Qtable[s][i]>max) {
56        max = Qtable[s][i];
57        i_max = i;
58      }
59    }
60    a = i_max;
61    return a;
62  }
```

ソースコードの説明

1行目は，関数の宣言であり，引数の Qtable[][5] の 5 は，main 関数で使用する Qtable の大きさに合わせて設定している．他のプログラムでこの関数を使用する場合は，そのプログラムの設定に合わせて，適宜，配列の大きさを変更する必要がある．

5～22行目は，変数の宣言と初期設定である．24行目において行動 a を求め，27～41行目の while ループで，選択された行動の番号を LED の点滅を用いて確認する．31～37行目は，この点滅のための for ループであり，ボタンスイッチが押されるたびにこの for ループが繰り返されるため，ボタンを押すごとに，行動の番号と同じ回数だけ LED が点滅する．

なお，このプログラムは，無限ループであるため，終了するには，ロボットの電源スイッチを切る必要がある．

45～62行目が，最大値を求めるための select_action 関数であり，第3章で説明したものと同じ手順で，最大値を求めているが，ここでは簡単のため，同じ最大値を持つ行動が多数ある場合には，最初に見つかった行動を最後まで保持して main 関数に返す仕様となっている．

(6) ε-greedy 法

図 4.22 に ε-greedy 法による確率的な行動選択のための関数を示す．ここでは，ボタンスイッチを押すまでの時間を使って乱数の初期化を行っている．基本的な流れについては，第 3 章で述べた内容と同じである．


```
int epsilon_greedy(int epsilon, int s, int num_a, double Qtable[][5]) {
  int a;
  if (epsilon > rand() % 100) {

    a = rand() % num_a; //無作為に行動を選択


    BuzzerSet(0x80,0x80);
    BuzzerStart();
    Wait(50);
    BuzzerStop();

  }
  else {
    //最大のQ値を持つ行動を選択
    a = select_action(s, num_a, Qtable);

  }
  return a;
}
```

図 4.22　ε-greedy 法による確率的な行動選択

図 4.23 に関数のテストを行うための main 関数を，**ソースコード 4.6** にプログラムの全体を示す．

このテストプログラムでは，ボタンを押すたびに新しい行動が選択され，選択された行動の番号と同じ回数だけ LED を点滅させる仕様になっている．

```
void main(void)
{
  const BYTE MainCycle = 60;
  int i;

  double Qtable[1][5];
  int num_s=1;
  int num_a=5;
  int a=0;
  int epsilon = 10;
  int seed;

  Init((BYTE)MainCycle);    //CPUの初期設定


  //乱数の初期化
  while(!getSW()){
    LED(3);//初期化待ちの間はLEDが両方点灯
    seed++;
    if (seed > 1000){
       seed=0;
    }
  }
  srand(seed);
  LED(0);//初期化が終わるとLEDを消灯

  Qtable[0][0]=1.0;
  Qtable[0][1]=8.0;
  Qtable[0][2]=2.0;
  Qtable[0][3]=5.0;
  Qtable[0][4]=7.0;

  //ループ
  while(1){
    Sync();

    if(getSW()==1){

      a = epsilon_greedy(epsilon, 0, num_a, Qtable);

      for(i=0;i<a;i++){
        LED(0); //消灯
        Wait(500);
        LED(1); //オレンジのLEDを点灯
```


図 4.23　動作テストを行うための main 関数

```
        Wait(500);

      }
      LED(0);

    }
  }
}
```

図 4.23（つづき）

■ソースコード 4.6　ε-greedy

```
 1  int epsilon_greedy(int epsilon, int s, int num_a,
        double Qtabl[][5]);
 2  int select_action(int s, int num_a, double Qtabl[][5]);
 3
 4  void main(void)
 5  {
 6    const BYTE MainCycle = 60;
 7    int i;
 8
 9    double Qtable[1][5];
10    int num_s=1;
11    int num_a=5;
12    int a=0;
13    int epsilon = 10;
14    int seed;
15
16    Init((BYTE)MainCycle);     //CPUの初期設定
17
18
19    //乱数の初期化
20    while(!getSW()){
21      LED(3);//初期化待ちの間はLEDが両方点灯
22      seed++;
23      if (seed > 1000){
24          seed=0;
25      }
26    }
27    srand(seed);
28    LED(0);//初期化が終わるとLEDを消灯
29
30    Qtable[0][0]=1.0;
31    Qtable[0][1]=8.0;
32    Qtable[0][2]=2.0;
```

```
33    Qtable[0][3]=5.0;
34    Qtable[0][4]=7.0;
35
36    //ループ
37    while(1){
38      Sync();
39
40      if(getSW()==1){
41
42        a = epsilon_greedy(epsilon, 0, num_a, Qtable);
43
44        for(i=0;i<a;i++){
45          LED(0); //消灯
46          Wait(500);
47          LED(1); //オレンジのLEDを点灯
48          Wait(500);
49
50        }
51        LED(0);
52
53      }
54    }
55  }
56
57
58  int select_action(int s, int num_a, double Qtable[][5]) {
59    double max;
60    int i = 0;
61    int i_max;
62    int a;
63
64    max = Qtable[s][0];
65    i_max=0;
66
67    for (i = 1; i<num_a; i++) {
68      if (Qtable[s][i]>max) {
69        max = Qtable[s][i];
70        i_max = i;
71      }
72
73    }
74
75    a = i_max;
76    return a;
77  }
78
79
80  int epsilon_greedy(int epsilon, int s, int num_a,
```

```
        double Qtable[][5]) {
81    int a;
82    if (epsilon > rand() % 100) {
83      //無作為に行動を選択
84      a = rand() % num_a;
85
86      //無作為に行動が選ばれたときは，ブザーを鳴らす
87      BuzzerSet(0x80,0x80);
88      BuzzerStart();
89      Wait(50);
90      BuzzerStop();
91
92    }
93    else {
94      //最大のQ値を持つ行動を選択
95      a = select_action(s, num_a, Qtable);
96
97    }
98    return a;
99  }
```

ソースコードの説明

1～2行目は，関数の宣言であり，引数の`Qtable[][5]`の5は，`main`関数で使用する`Qtable`の大きさに合わせて設定している．他のプログラムでこの関数を使用する場合は，そのプログラムの設定に合わせて，適宜，配列の大きさを変更する必要がある．

6～16行目は，変数の宣言と初期設定である．20～28行目は，乱数の初期化を行うための記述である．20～26行目の`while`ループによって，ボタンスイッチが押されるまで，`seed`の値を加算し，ボタンが押された際の`seed`の値を用いて27行目で乱数の初期化を行う．初期化待ちの間はLEDを点灯し，初期化が終わると，LEDを消灯（28行目）することで，初期化の終了を知らせる仕様となっている．

30～34行目において，`Qtable`の値を設定し，37～54行目の`while`ループで，行動を選択している．行動は，ボタンスイッチが押されるたびに選択され(42行目)，44～50行目の`for`ループを用いて，選ばれた行動の番号と同じ数だけLEDが点滅する．

このプログラムも無限ループであるため，終了するには，ロボットの電源スイッチを切る必要がある．

58 ～ 77 行目が，最大の Q 値を持つ行動を選択するための select_action 関数であり，内容はすでに述べた通りである．

80 ～ 99 行目が，ε-greedy 法を用いた行動選択を行う epsilon_greedy 関数であり，第3章で説明したものと同じ手順で行動を選択している．

(7) 関数の統合と学習の実現

これまでの関数を統合し，学習を行う．学習を行うための main 関数を**図 4.24** および**図 4.25** に示す．全体の流れは，第3章で説明した内容と同様である．前半では，主に使用する変数の宣言，乱数やマイコンの初期化を行っており，後半で学習を行う．

なお，このプログラムでは，ラインがロボットのセンサーの範囲外へ出そうになった場合（負の報酬が与えられた場合）には，ロボットはその場で停止する設定となっている．ロボットが停止した場合には，ラインがロボットの中央に来るように，ロボットを手で持って移動し，ボタンスイッチを押すことで，試行が再開される．

```
void main(void)
{
  const BYTE MainCycle = 60;

  int sw;

  int num_a = 3;//行動の数
  int num_s = 4;//状態の数
  double Qtable[4][3];

  double Q_max = 0;//Q値の最大値
  double reward = 0;//報酬
  double alpha = 0.5;//学習係数
  double gamma = 0.9;//減衰係数
  int epsilon = 5;//行動を無作為に選ぶ確率〔%〕
  int trial_max = 1000;//試行回数

  int a = 0;//行動
  int s = 0;//状態
  int sd = 0;//行動の実行によって遷移する状態
  int i, j;
  int seed =0;
```

（変数の宣言と初期化）

図 4.24　学習を行う main 関数（前半）

```
Init((BYTE)MainCycle);//CPUの初期設定
I2C_init();//IXBUS初期化

//Q値の初期化
for(i=0;i<num_s;i++){
  for(j=0;j<num_a;j++){
    Qtable[i][j]=0;
  }
}

//乱数の初期化
while(!getSW()){
  LED(3);//初期化待ちの間はLEDが両方点灯
  seed++;
  if (seed > 1000){
     seed=0;
  }
}
srand(seed);
LED(0);//初期化が終わるとLEDを消灯
```


図 4.24（つづき）

```
  //初期状態の観測
  s=get_state();

  //試行開始
  for (i = 0; i<trial_max; i++) {
    Sync();
    //行動の選択
    a = epsilon_greedy(epsilon, s, num_a, Qtable);
    //行動の実行
    move(a);
    //状態の観測
    sd=get_state();
    reward=get_reward();

    //sdにおけるQ値の最大値を求める
    Q_max = max_Qval(sd, num_a, Qtable);
    //Q値の更新
    Qtable[s][a] = (1 - alpha) * Qtable[s][a] +
                   alpha * (reward + gamma * Q_max);

    s = sd;

    if(reward<0){
      s=0;
      Mtr_Run_lv(0,0,0,0,0,0);
      while(!getSW()){
        LED(3);
        Wait(200);
        LED(0);
        Wait(200);
      }
    }
  }

  while(1){
    //獲得されて政策を実行
    Sync();
    s=get_state();
    a = select_action(s, num_a, Qtable);
    move(a);
  }
}
```


図 4.25　学習を行う main 関数（後半）

プログラムの全体を**ソースコード 4.7** に，学習された結果を**図 4.26** に示す．最初は，ラインをトレースすることができず，すぐに停止してしまうものの，数回やり直すことで，徐々にラインをトレースできるようになり，最終的には，図4.26 に示すように，コースを周回できるようになる．

■ソースコード 4.7　関数の統合

```
 1  int epsilon_greedy(int epsilon, int s, int num_a,
        double Qtabl[][3]);
 2  int select_action(int s, int num_a, double Qtabl[][3]);
 3  double max_Qval(int s, int num_a, double Qtabl[][3]);
 4  double get_reward();
 5  int get_state();
 6  void move(int a);
 7
 8
 9  void main(void)
10  {
11    const BYTE MainCycle = 60;
12
13
14    int sw;
15
16    int num_a = 3;//行動の数
17    int num_s = 4;//状態の数
18    double Qtable[4][3];
19
20    double Q_max = 0;//Q値の最大値
21    double reward = 0;//報酬
22    double alpha = 0.5;//学習係数
23    double gamma = 0.9;//減衰係数
24    int epsilon = 5;//行動を無作為に選ぶ確率〔%〕
25    int trial_max = 1000;//試行回数
26
27    int a = 0;//行動
28    int s = 0;//状態
29    int sd = 0;//行動の実行によって遷移する状態
30    int i, j;
31    int seed =0;
32
33    Init((BYTE)MainCycle);//CPUの初期設定
34    I2C_init();//IXBUS初期化
35
36
37    //Q値の初期化
```

```
38    for(i=0;i<num_s;i++){
39      for(j=0;j<num_a;j++){
40        Qtable[i][j]=0;
41      }
42    }
43
44    //乱数の初期化
45    while(!getSW()){
46      LED(3);//初期化待ちの間はLEDが両方点灯
47      seed++;
48      if (seed > 1000){
49         seed=0;
50      }
51    }
52    srand(seed);
53    LED(0);//初期化が終わるとLEDを消灯
54
55    //初期状態の観測
56    s=get_state();
57
58    //試行開始
59    for (i = 0; i<trial_max; i++) {
60      Sync();
61      //行動の選択
62      a = epsilon_greedy(epsilon, s, num_a, Qtable);
63      //行動の実行
64      move(a);
65      //状態の観測
66      sd=get_state();
67      reward=get_reward();
68
69      //sdにおけるQ値の最大値を求める
70      Q_max = max_Qval(sd, num_a, Qtable);
71      //Q値の更新
72      Qtable[s][a] = (1 - alpha) * Qtable[s][a] +
                       alpha * (reward + gamma * Q_max);
73
74      s = sd;
75
76      if(reward<0){
77        s=0;
78        Mtr_Run_lv(0,0,0,0,0,0);
79        while(!getSW()){
80          LED(3);
81          Wait(200);
82          LED(0);
83          Wait(200);
```

```
84          }
85          s=get_state();
86        }
87      }
88
89      while(1){
90        //獲得されて政策を実行
91        Sync();
92        s=get_state();
93        a = select_action(s, num_a, Qtable);
94        move(a);
95      }
96    }
97
98    void move(int a){
99
100     if (a==0){
101
102       Mtr_Run(-45,35,0,0);//前進
103     }
104     else if(a==1){
105       Mtr_Run(0,35,0,0);//右回転
106     }
107     else{
108       Mtr_Run(-45,0,0,0);//左回転
109     }
110
111   }
112
113   int get_state(){
114     unsigned int data[8];
115     int s;
116     Get_IX008(0x90,data);
117
118     s=3; //下記以外のとき
119
120     if( data[1]>300||data[2]>300){
121       s=1; //右のセンターが反応
122
123       BuzzerSet(220,0x80);
124       BuzzerStart();
125       Wait(50);
126       BuzzerStop();
127     }
128     else if(data[6]>300||data[5]>300 ){
129       s=2; //左のセンターが反応
130
```

```
131       BuzzerSet(110,0x80);
132       BuzzerStart();
133       Wait(50);
134       BuzzerStop();
135     }
136     else if(data[4]>300||data[3]>300 ){
137       s=0;//中心のセンターが反応
138       BuzzerStop();
139     }
140     return s;
141   }
142
143
144
145   double get_reward(){
146     unsigned int data[8];
147     double reward;
148
149     Get_IX008(0x90,data);
150
151     reward=0;
152
153     if (data[0]>300 || data[7]>300){
154       reward=-100;
155       LED(1);
156     }
157     else if (data[3]>300 || data[4]>300){
158       reward=1;
159       LED(2);
160     }
161     else{
162        LED(0);
163     }
164     return reward;
165   }
166
167
168   int select_action(int s, int num_a, double Qtable[][3]) {
169     double max;
170     int i = 0;
171     int i_max;
172     int a;
173
174     max = Qtable[s][0];
175     i_max=0;
176
177     for (i = 1; i<num_a; i++) {
```

```
178       if (Qtable[s][i]>max) {
179         max = Qtable[s][i];
180         i_max = i;
181       }
182
183     }
184
185     a = i_max;
186     return a;
187   }
188
189
190   int epsilon_greedy(int epsilon, int s, int num_a,
        double Qtable[][3]) {
191     int a;
192     if (epsilon > rand() % 100) {
193       //無作為に行動を選択
194       a = rand() % num_a;
195
196
197
198     }
199     else {
200       //最大のQ値を持つ行動を選択
201       a = select_action(s, num_a, Qtable);
202
203     }
204     return a;
205
206   }
207
208
209   double max_Qval(int s, int num_a, double Qtable[][3]) {
210     double max;
211     int i = 0;
212
213     max = Qtable[s][0];
214     for (i = 1; i<num_a; i++) {
215       if (Qtable[s][i]>max) {
216         max = Qtable[s][i];
217       }
218     }
219     return max;
220   }
```

ソースコードの説明

1～6行目は使用する関数の宣言であり，Qtableの大きさは，main関数で使用するQtableの大きさにそろえ，3としている．

11～53行目が，変数の宣言と各種の初期化である．56行目で初期状態を観測し，59～87行目のforループで学習を行う．学習は，第2章で述べた手順に沿って，「行動の選択」，「行動の実行」，「状態・報酬の観測」，「Q値の更新」を順次行い，負の報酬が観測された場合は，コースを外れないように，その場で停止する仕様になっている（79～84行目）．停止した場合は，ロボットの中央にラインが来るように，ロボットの位置を直した後，ボタンスイッチを押すことで，79行目のwhile文から抜け，学習が継続される．

学習終了後は．89～95行目のwhileループにより獲得された政策が繰り返し実行される．

なお，このプログラムは無限ループであるため，終了するにはロボットの電源スイッチを切る必要がある．ただし，電源を切ることで学習された政策も消去されてしまうため，注意が必要である．

98行目以降は，使用する関数の記述であり，先に説明した通りである．

図 4.26　獲得された振る舞い

4.2　実ロボットへの適用における問題点と解決策

本節では，実際の環境で動くロボットに強化学習を適用する際の問題点を整理する．

4.2.1　状態爆発と汎化能力

4.1節で述べたライントレースロボットも実際のロボットであるが，ライントレースロボットの場合は，環境もロボットも非常に簡単であり，強化学習をそのまま適用することができた．しかし，多くの関節を有するロボットのような複雑なロボットに強化学習を適応することは可能だろうか．

例として，**図4.27**に示すような8つの関節を有するロボットアームを用いて，様々な形状の物体を把持して移動させるタスクを考えてみる．各関節の角度を状態として，0°から10°ずつ100°まで，10個の状態に分割したとすると，ロボット全体では，状態数は10^8となる．学習に必要な時間は，状態の数に依存して長くなることから，この10^8という大きさは，事実上，学習が不可能なほど膨大な学習時間を必要とすることを意味する．このように，全体の状態は，それぞれの状態の組み合わせとして表さられるため，ロボットや環境の複雑さの増加に対して状態数は指数的に増加してしまう．これは状態爆発と呼ばれ，強化学習を現実のタスクに適用する際の非常に大きな問題の一つである．

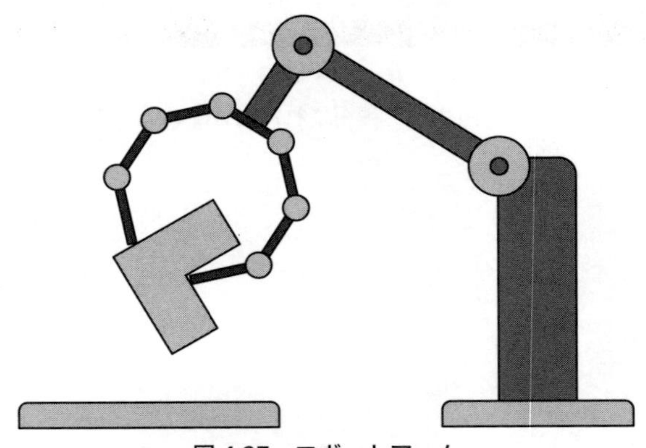

図4.27　ロボットアーム

さらに，「つかむ」という動作に注目すると，対象となる物体の形状によって，物体をつかんだときの状態（各関節の角度）が異なる．したがって，膨大な回数の試行によって，ある物体をつかむ振る舞いが獲得されたとしても，それを他の異なる形状の物体をつかむ際に使用することができず，再学習を行う必要がある．これは，汎化能力の欠如と呼ばれ，通常の強化学習は，汎化能力を持たないため，少し環境が変わるたびに，そのつど，一から学習しなければならないという問題を引き起こす．

これを解決するため，ニューラルネットワークや，統計に基づく手法などを用いて，状態や，獲得された政策を汎化し，強化学習に汎化能力を持たせようという試みが研究されている．しかし，これらの方法は，多数の経験（データ）をもとに汎化を行うものであり，先に述べた状態爆発が問題となるような複雑なタスクでは，さらに学習時間を悪化させるという結果を招き，実用に耐えうるようなアルゴリズムの開発には至っていない．

次項では，これらの問題を解決するための一つの方法として，筆者らが現在研究を行っている，身体を用いて状態行動空間を抽象化する方法を紹介する．

4.2.2 身体を利用した状態・行動空間の抽象化

従来の枠組みでは，情報処理はコンピュータにより行われるという考え方が主流であり，そのためのアルゴリズムの研究が行われてきた．しかし，通常のコンピュータは，順次処理を行うことを基本としており，処理すべき情報量の増加に対して，計算時間も増加してしまうという問題を抱えている．特に，状態爆発のところでも述べたように，処理すべき情報の増加に対して計算時間が指数的に増加してしまうような問題が多く存在しており，複雑な実環境への適用における大きな足枷となっている．

一方，生物に目を向けてみると，無脊椎動物などの脳の小さな下等生物であっても，複雑な実環境において，柔軟な身体を巧みに動かし，適応的に振る舞うことができる．これら下等生物がいかにして膨大な情報を実時間に処理しているかについては，未だ研究が続けられているが，その中でも，身体と環境との相互作用が注目されており，身体も情報処理の一部を担っていると考えられてきている．

次節では，その一例として，この身体を利用した情報処理系を用いて，状態・行動空間を抽象化することで，複雑なロボットをライントレースロボットと同様の簡単な強化学習を用いて制御できることを示す．

図 4.28 に筆者らが提案している枠組みを示す．複雑な環境およびロボットの情報は，身体と環境との相互作用を利用して抽象化され，情報量も削減される．この抽象化された情報がコンピュータ（CPU）に渡され，状態となる．この抽象化により，状態・行動空間の大きさが縮退されているため，コンピュータの中では，状態爆発に悩まされることなく，強化学習を実行することができる．同様に学習において選択された行動は，身体と環境との相互作用を用いて複雑な振る舞いへと具象化され，ロボットが運動する．

身体と環境との相互作用を利用した抽象化の実現方法については，まだ一般論の導出には至っておらず，いくつかのロボットにおいて実現可能であることが示されている段階である．次節では，その一例として，シリコンで作られた柔軟多脚ロボットを例に，実装方法を述べる．

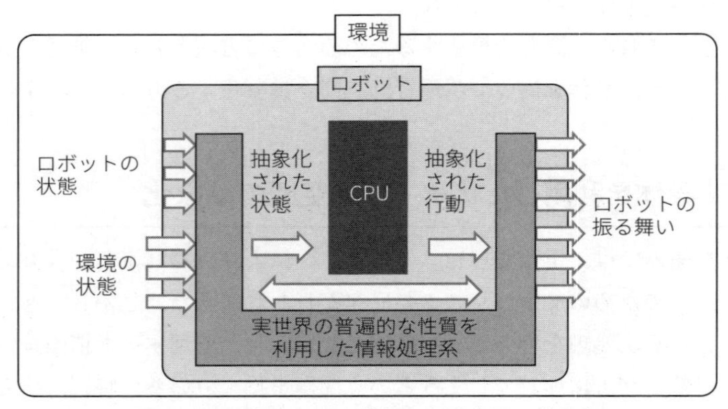

図 4.28　身体を用いた状態・行動空間の抽象化

4.3　ソフトロボットへの実装

4.3.1　ソフトロボット

一例として，パイプや枝などの柱状の物体を登ることが可能な多脚ロボット（ソフトロボット）を用いる．**図 4.29** にロボットを，**図 4.30** に全体の構成を示す．

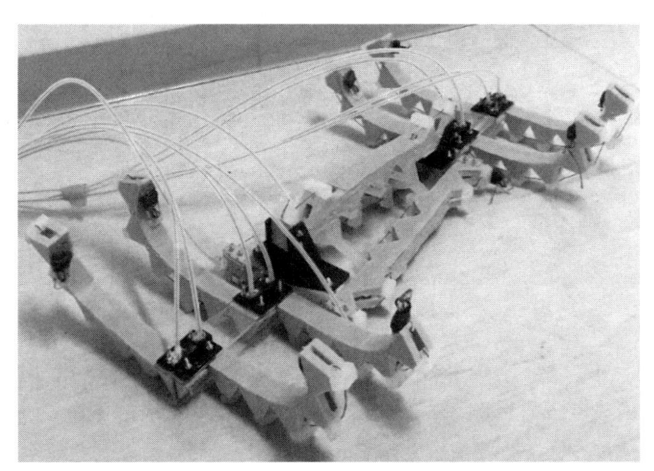

図 4.29　ソフトロボット

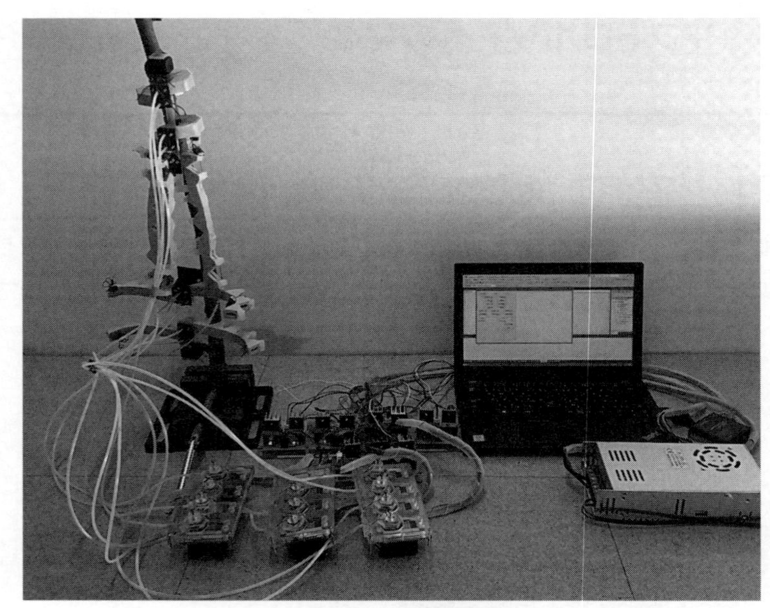

図 4.30　システム構成

このロボットは，3 本の柔軟リンクからなる体幹（**図 4.31**）と 8 本の脚（**図 4.32**）から構成されており，これらはすべてシリコンで成形されている．体幹および脚には，プラスチック製の糸が張り巡らされており，これをロボットの外部に置かれたモーターによって巻き取ることで伸縮動作を行う．モーターは，モータードライバを介して PC と接続されており，PC からの信号をもとに動作させることができる．

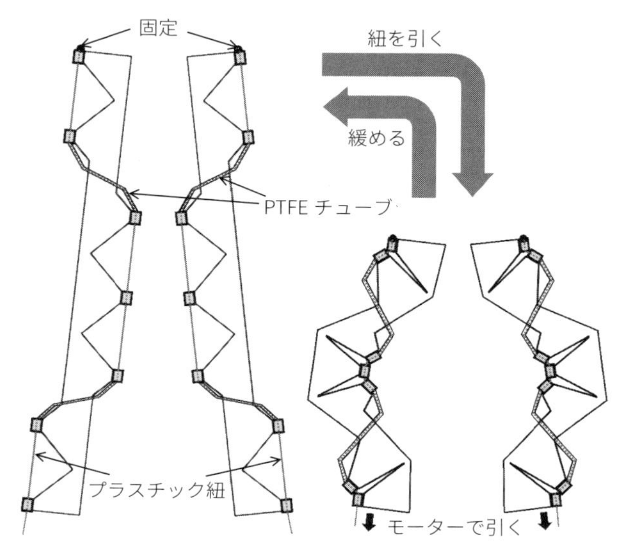

図 4.31　体幹の仕組みと動作

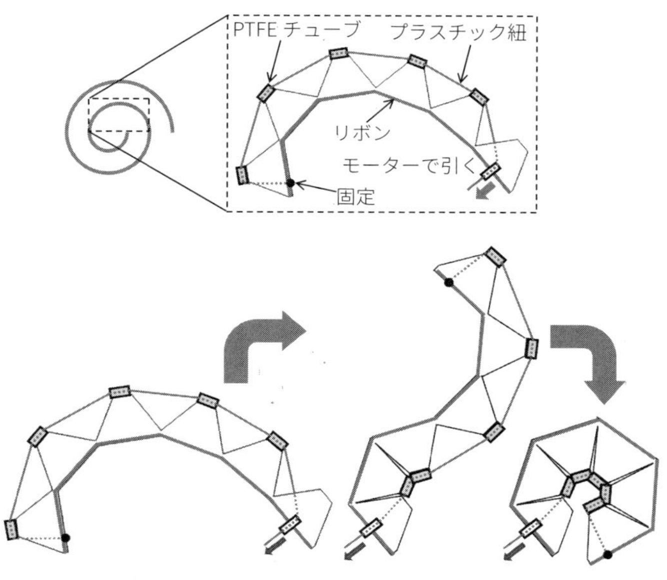

図 4.32　脚の仕組みと動作

脚の初期状態は，図4.32に示すように，螺旋形の一部となっており，これにより，単に糸を巻き取ることで，**図4.33**に示すように，根元から順に折れ曲がり物体を包み込むような動作を行うことができる．この動作は，生物のタコが物体を包み込む際に用いる振る舞いを再現したものであり，この振る舞いを用いることで，未知形状の物体を，糸を引くという同一の動作で包み込むことが可能である．つまり，柔軟な脚の複雑な振る舞いを，糸を引くという単一の動作に抽象化していることになる．

ここで重要な点は，物体の形状の違いを無視して同じ動作を行っているのではなく，糸を引くという同一の動作を行っているにも関わらず，それぞれの物体の形状に合わせた振る舞いが，そのつど，身体と物体との相互作用により実現される点である．つまり，このロボットにとって，「つかむ」という抽象的な動作は，単に，脚の糸を引くという単純なものであり，実際に実現される物体を包み込むような複雑な動作は，身体と環境との相互作用により実現される．

図4.33　把持動作

次項では，強化学習の状態・行動空間を実際に構成する方法を実例を用いて示す．

4.3.2 行動の構成

前項で説明したように，ロボットの動作はモーターで糸を巻き取ることにより実現され，身体の複雑な振る舞いは，環境と柔らかい身体との相互作用により生成される．したがって，学習では，この糸を巻き取る量を行動として設定する．今回は，**図 4.34** に示したように，上の脚 2 対，下の脚 2 対および体幹の 3 リンクは，それぞれ同じ動作を行うものとし，上脚と下脚の巻き上げ量を 3 段階，体幹を 2 段階とする合計 8 つの行動を設定する．選択された行動を実行することで，実行された行動に対応する部位のみが運動し，それ以外の部位は現状を維持（同時に複数の部位が動くことはない）するものとする．

行動番号	0	1	2	3
動作	上脚を完全に閉じた状態にする 	上脚を半分閉じた状態にする 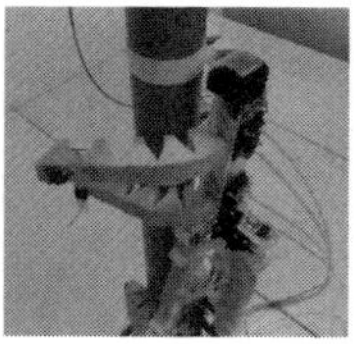	上脚を完全に開いた状態にする 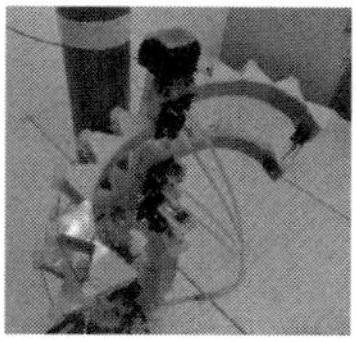	体幹を縮んだ状態にする 

行動番号	4	5	6	7
動作	体幹を伸びた状態にする 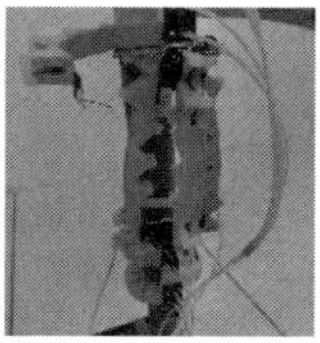	下脚を完全に閉じた状態にする 	下脚を半分閉じた状態にする 	下脚を完全に開いた状態にする 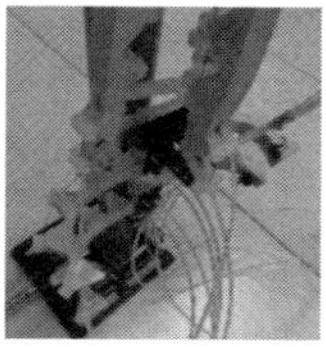

図 4.34　行動の構成

ここで重要な点は，脚や体幹の複雑な動きをそのまま行動とする代わりに，糸を引くという単純な動作を行動とし，実際の複雑な振る舞いの生成を環境と身体との相互作用に委ねている点である．これにより，図 4.28 に示した枠組みにおける，「抽象化された行動を用いた学習」と，「抽象化された行動の，身体を用いた具象化」が可能となる．

4.3.3　状態の構成

状態も行動に合わせて，上の脚と下の脚の状態をそれぞれ 3 段階，体幹を 2 段階として構成する．ただし，**図 4.35** に示すように，全体の状態は，これら各部位の状態の組み合わせとなるため，状態空間は 3 次元，状態数は，$3 \times 3 \times 2 = 18$ となる．

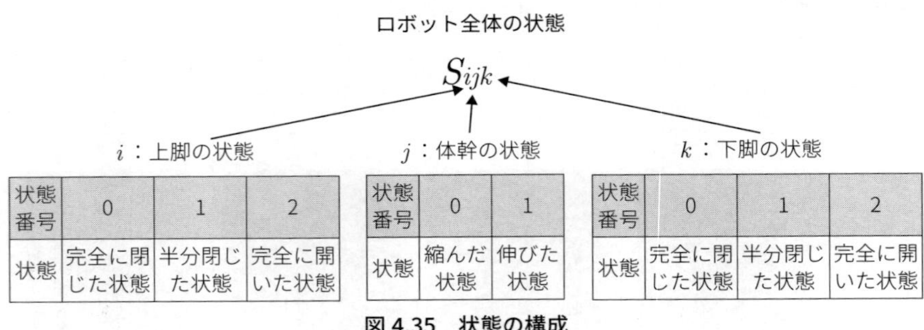

状態番号	0	1	2
状態	完全に閉じた状態	半分閉じた状態	完全に開いた状態

状態番号	0	1
状態	縮んだ状態	伸びた状態

状態番号	0	1	2
状態	完全に閉じた状態	半分閉じた状態	完全に開いた状態

図 4.35　状態の構成

前項の行動のところでも述べたように，柔軟な身体の複雑な状態をそのまま状態とする代わりに，糸がどの程度引かれているかを状態とすることで，状態数をわずか 18 までに減らすことが可能となる．また，これにより，把持している物体の形状も抽象化されるため，ある物体を登るための政策が獲得されれば，それをそのまま，異なる形状の物体を登る際に使用することが可能となる．

4.3.4 報酬の設定

報酬はロボットがパイプを登った距離とし，**図 4.36** に示すように，光学式の位置センサー（光学式マウスと同様の仕組み）を用いて移動距離を測定する．位置センサーは滑車を介してロボットに接続されており，ロボットがパイプを登ることで，位置センサーが糸に引かれて移動する．また，ロボットが下降した場合には，錘により位置センサーが逆方向に引かれ，ロボットの下降した場合も距離を測定することができる．今回は，上昇した距離を正の報酬，下降した距離を負の報酬として設定する．

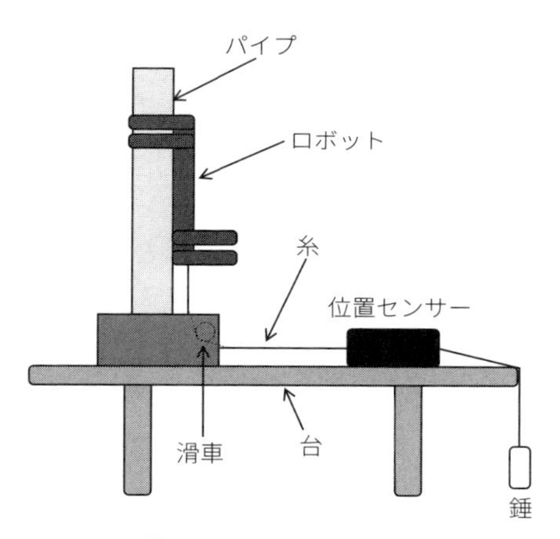

図 4.36　位置センサーを用いた報酬の取得

4.3.5 実機による学習

前項で述べた設定のもとで学習を行った．学習に用いたアルゴリズムは，ライントレースロボット（4.1 節）のものと同様である．

図 4.37 に獲得された振る舞いの様子を，**図 4.38** にそのときの状態遷移図を示す．これらの結果から，上脚を閉じ，下脚を開いた状態で体幹を縮めることで下脚を持ち上げ，その下脚を閉じて上脚を開き，体幹を伸ばすことで上脚を持ち上げるという一連の歩容パターンが獲得されていることが確認できる．

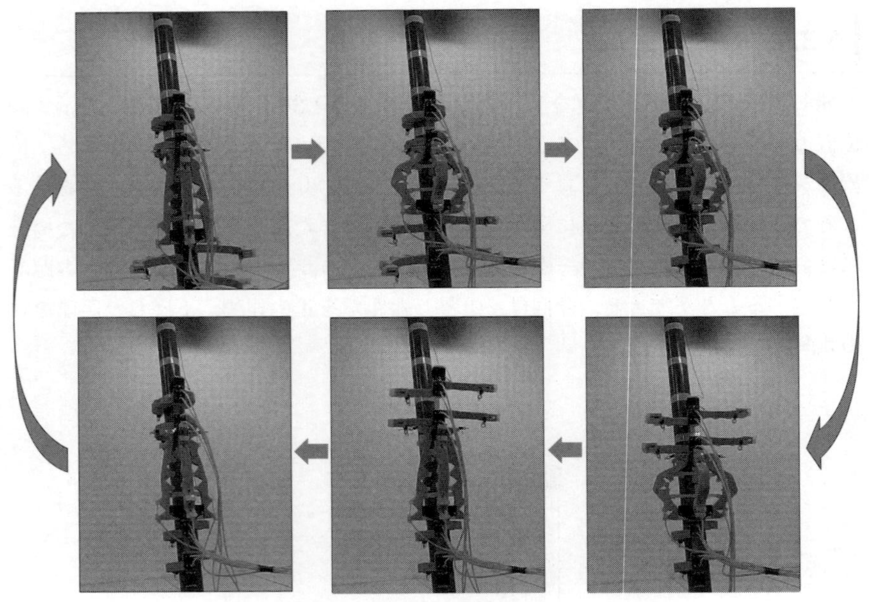

図 4.37　獲得された歩容パターン

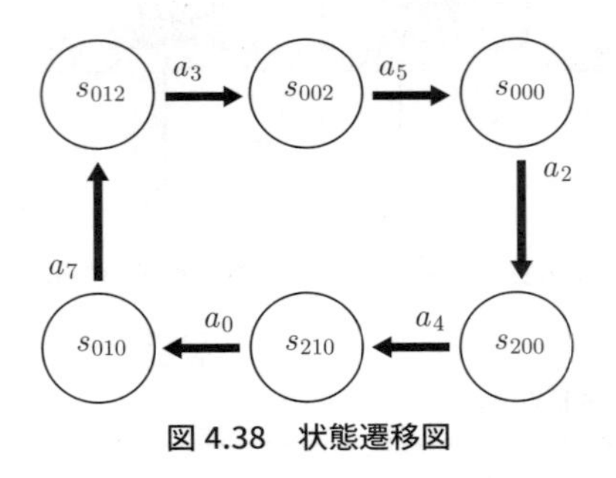

図 4.38　状態遷移図

4.3.6　他の類似した環境への適用

獲得された振る舞いの汎用性を確認するため，形状の異なるパイプに対して獲得された政策を適用した．**図 4.39** と**図 4.40** に異なる太さのパイプに適用した例を，**図 4.41** に角柱に適用した例を，**図 4.42** に 2 本のパイプに適用した例を，**図 4.43** に木の枝に適用した例を示す．

ここでは，先の学習で獲得された Q 値をそのまま用いており，追加の学習は一切行っていない．それにも関わらず，柱状物の形状に合わせた物体を包み込む振る舞いが生成され，学習された歩容パターンで柱状物を登ることが可能であることが確認でき，身体を用いた状態・行動空間の抽象化がうまく機能していることが分かる．

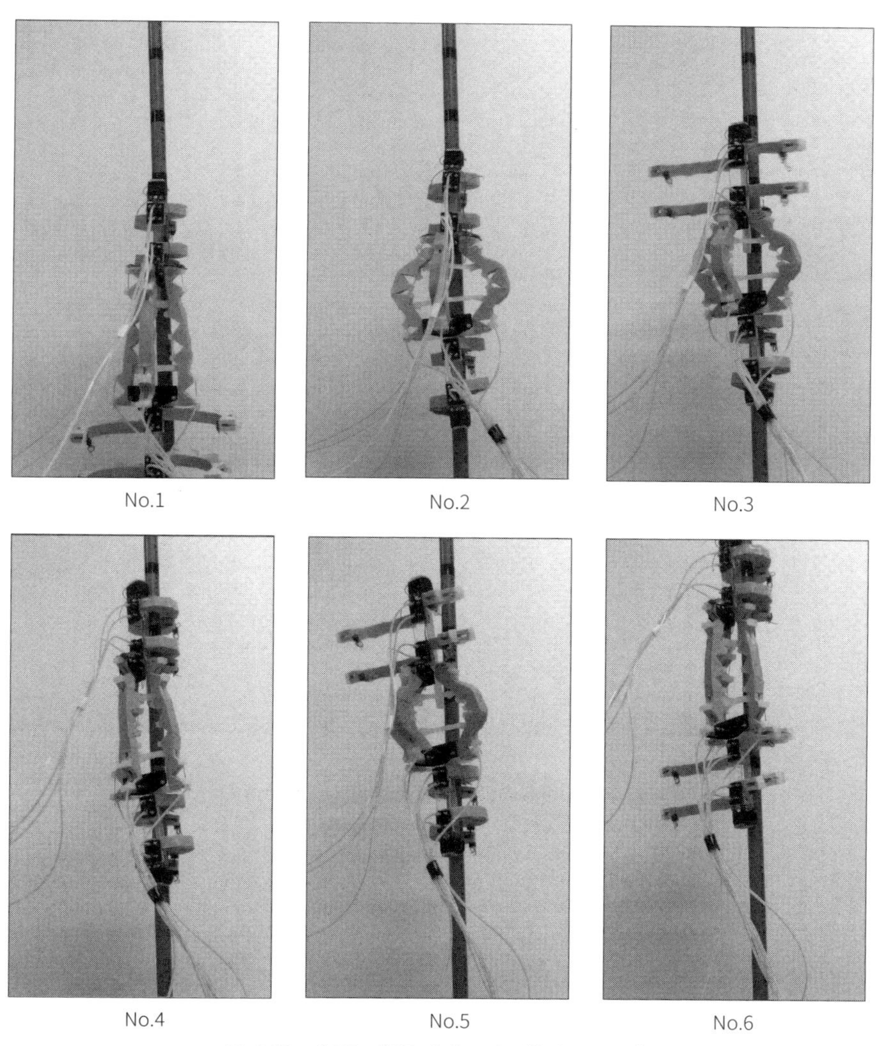

図 4.39 歩容の様子（パイプ 外形 22 mm）

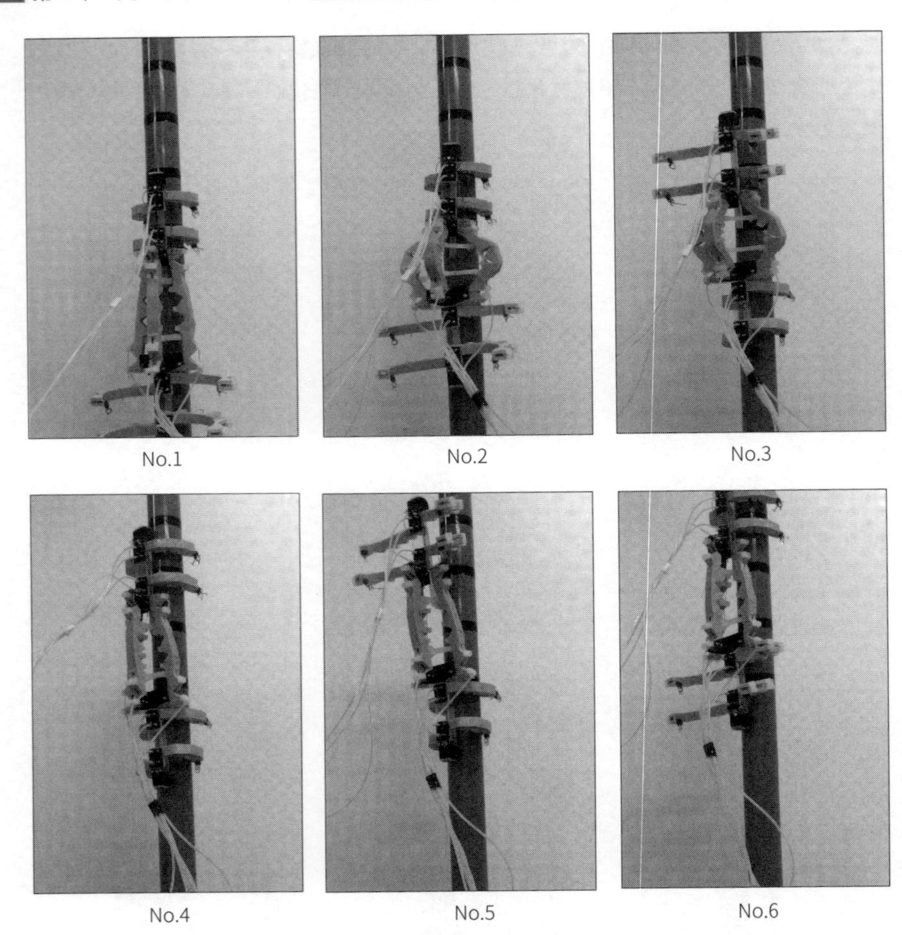

図 4.40　歩容の様子（パイプ　外形 61 mm）

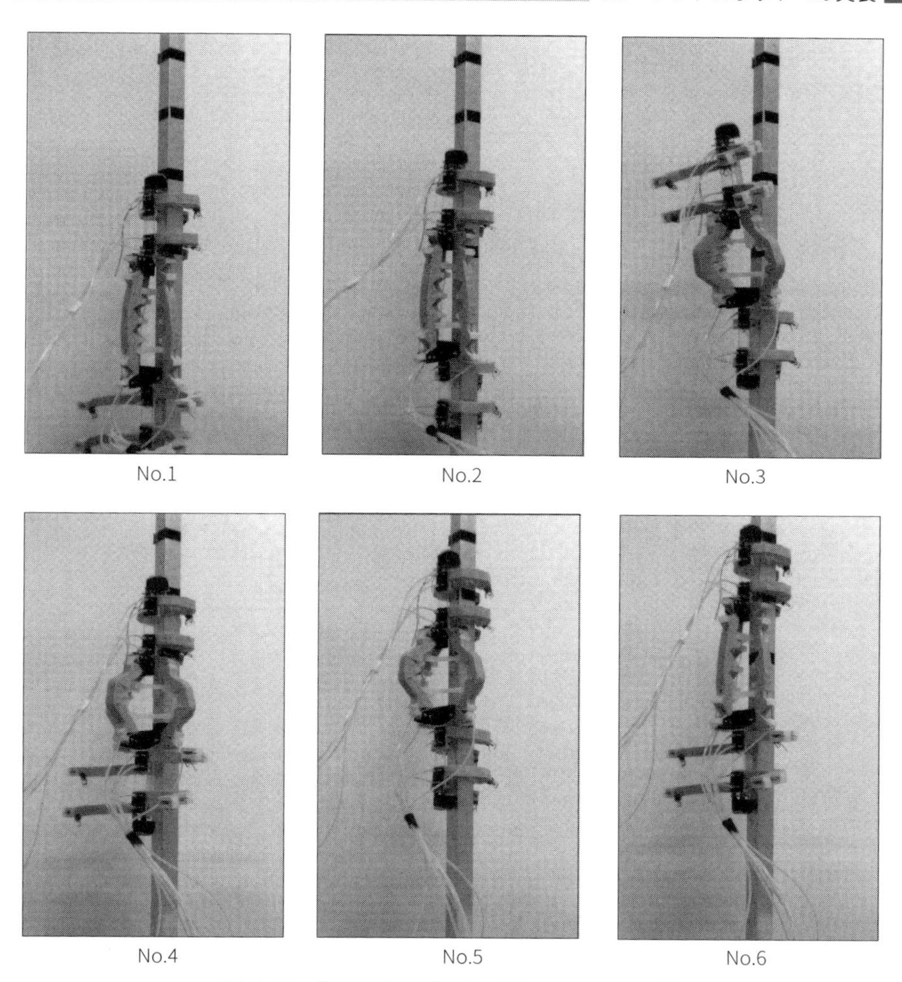

図 4.41　歩容の様子（角柱　30 mm × 30 mm）

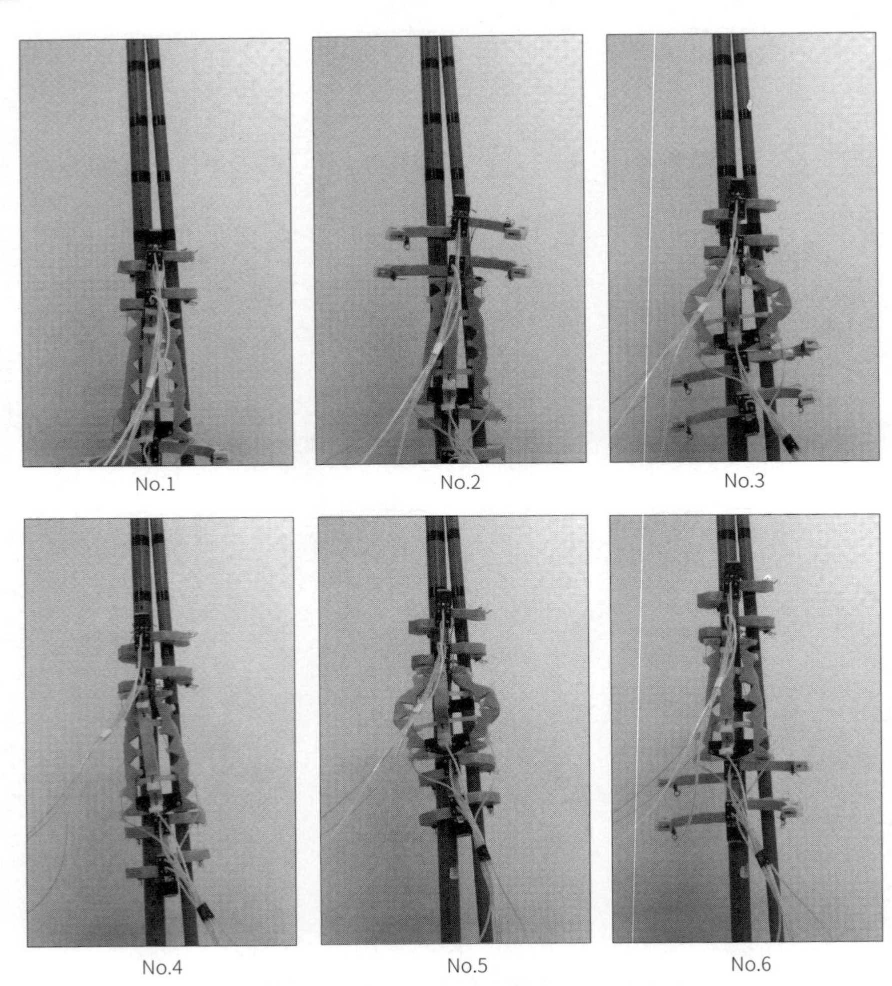

図 4.42　歩容の様子（2 本のパイプ　外形 22 mm および 34 mm）

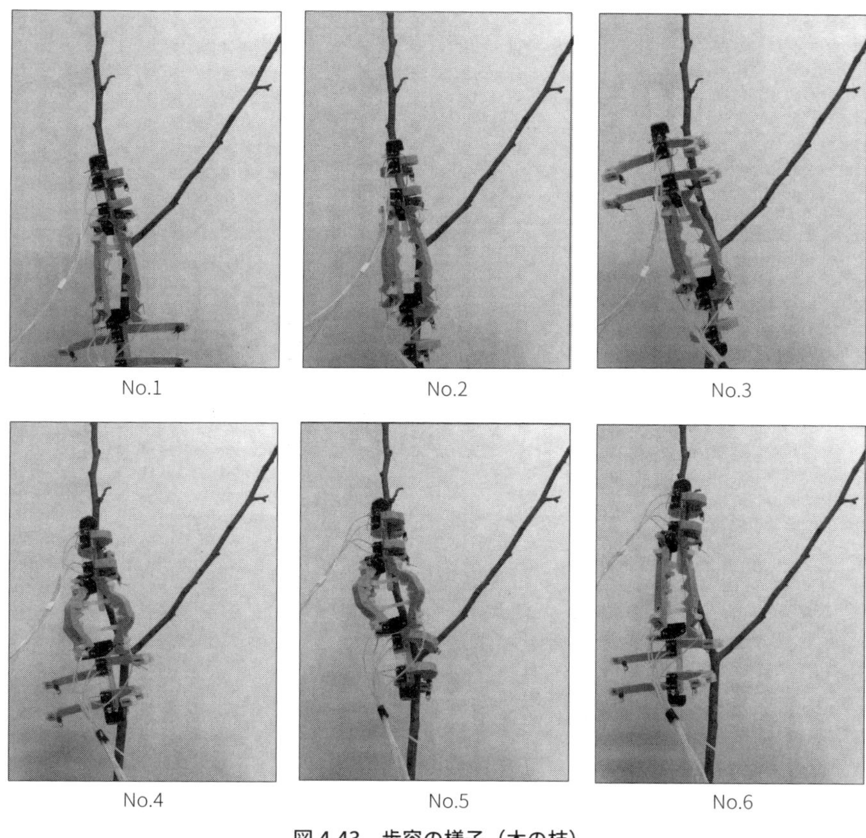

図 4.43　歩容の様子（木の枝）

4.3.7　異なる環境での学習

強化学習の「教師を必要とせず，自律的に学習が可能である」という優れた特徴を確認するため，前項と全く同じ設定のまま，ロボットを平面において学習を行わせた．

図 4.44 に獲得された振る舞いの様子を，**図 4.45** にそのときの状態遷移図を示す．これらの結果から，平面においても，脚と地面との間の摩擦力を変化させることで，平面上を移動可能な歩行パターンが獲得されていることが分かる．また，このパターンはパイプを登るためのパターンとは異なるものであり，環境に合わせて，異なるパターンが自律的に獲得されたことが確認できる．

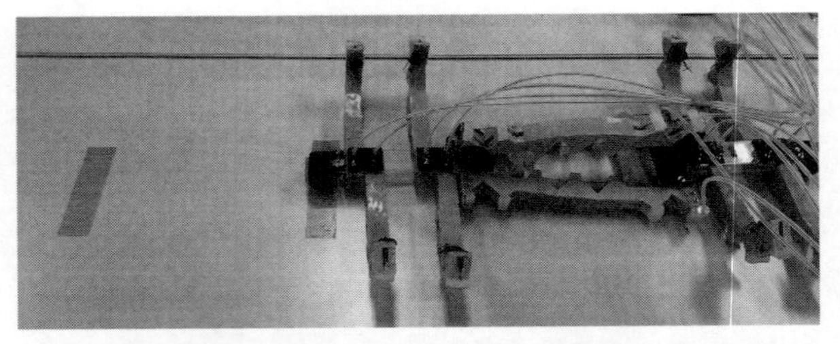
No.1

No.2

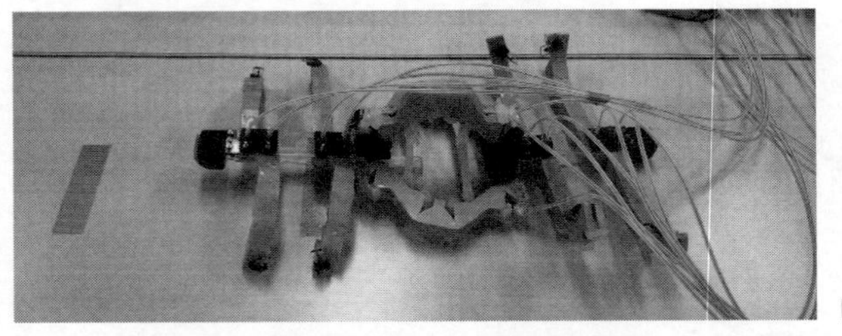
No.3

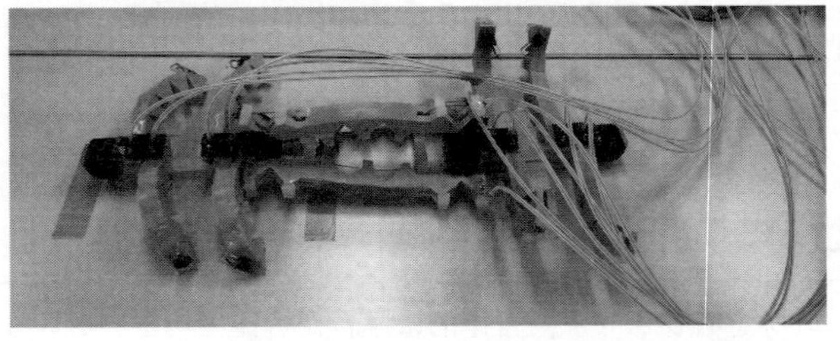
No.4

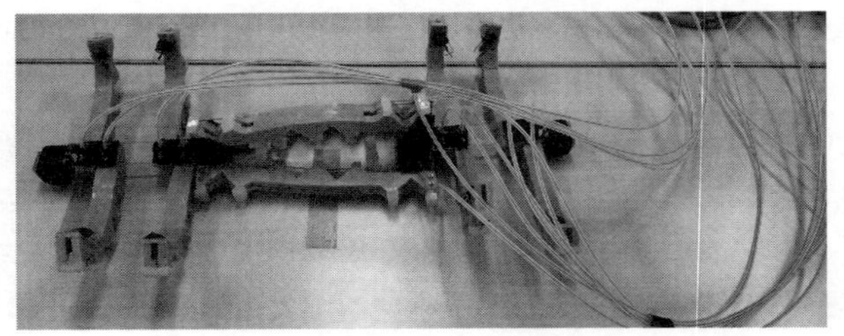
No.5

図 4.44　地面を移動する様子

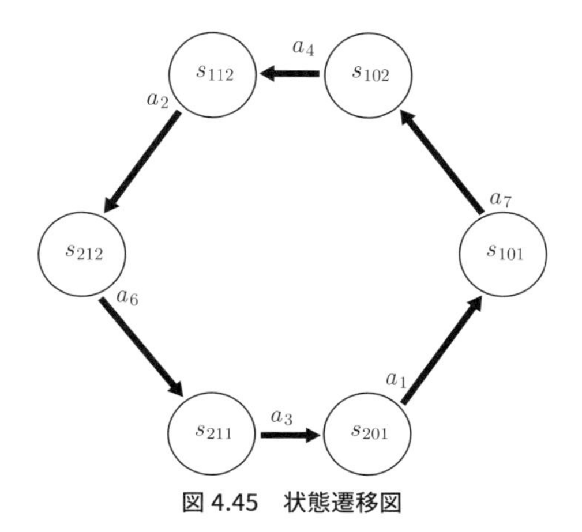

図 4.45 状態遷移図

付　録

Excel VBA による実装

本書では，ロボットへの実装を視野にC言語を用いて Q 学習のアルゴリズムを実装した．しかし，C言語では，Q 値や得られた報酬の推移などをグラフ化して表示することは容易ではなく，解析には Excel などを用いる場合が多い．ここでは，参考までに，学習の途中経過をグラフや表などを用いて容易に確認するための方法の一つとして，Excel の VBA を用いて Q 学習を実装した例の図とソースコードを掲載する．学習の設定やアルゴリズムについては，本書で取り上げた迷路の例と同一である．プログラムの詳細については，参考文献[a-1]を参照されたい．

図 a.1　迷路

1	11	21	31	41	51	61	71	81
2	12	22	32	42	52	62	72	82
3	13	23	33	43	53	63	73	83
4	14	24	34	44	54	64	74	84
5	15	25	35	45	55	65	75	85
6	16	26	36	46	56	66	76	86
7	17	27	37	47	57	67	77	87
8	18	28	38	48	58	68	78	88
9	19	29	39	49	59	69	79	89
10	20	30	40	50	60	70	80	90

図 a.2　状態番号

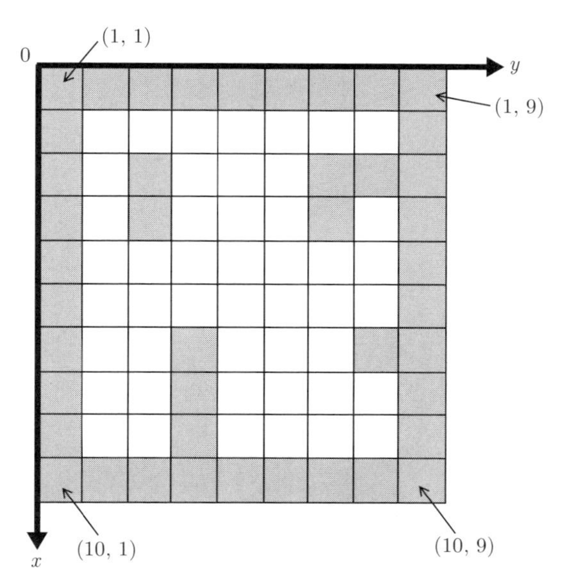

図 a.3　座標系

	A	B	C	D	E	F	G	H	I	J
1	−1	−1	−1	−1	−1	−1	−1	−1	−1	
2	−1								−1	
3	−1		−1				−1	−1	−1	
4	−1		−1				−1		−1	
5	−1								−1	
6	−1								−1	
7	−1			−1				−1	−1	
8	−1			−1					−1	
9	−1			−1			10		−1	
10	−1	−1	−1	−1	−1	−1	−1	−1	−1	
11										
12										
13										

Sheet1 / Sheet2 / Sheet3

図 a.4　表を用いた迷路の表現

$Q(3, 2)$

	A	B	C	D	E
1	0	0	0	0	
2	0	0	0	0	
3	0	0	0	0	
4	0	0	0	0	
5	0	0	0	0	
6	0	0	0	0	
7	0	0	0	0	
8	0	0	0	0	
9	0	0	0	0	
10	0	0	0	0	
11	0	0	0	0	
12	0	0	0	0	
13	0	0	0	0	
14	0	0	0	0	
15	0	0	0	0	
16	0	0	0	0	
17	0	0	0	0	
18	0	0	0	0	
19	0	0	0	0	

Sheet1　Sheet2　Sheet3

図 a.5　Q 値の表現

	A	B	C
1	迷路の大きさ　縦(行の数)	10	
2	迷路の大きさ　横(列の数)	9	
3	学習率	0.5	
4	割引率	0.9	
5	無作為に行動を選択する割合	0.2	
6	試行回数	300	
7	最大ステップ数	100	
8	ロボットの初期位置(縦方向)	2	
9	ロボットの初期位置(横方向)	2	
10	行動の種類	4	
11			

図 a.6　パラメータの設定

■ソースコード a.1　計算結果の表示（Excel VBA）

```
1  Option Explicit
2  Declare Sub Sleep Lib"kernel32"(ByVal dwMilliseconds As Long)
3
4  Sub Qlearning()
5                              '初期設定
6
7    Dim x As Integer          'エージェントの位置(x座標)
8    Dim y As Integer          'エージェントの位置(y座標)
9    Dim xinit As Integer      'エージェントの初期位置(x座標)
10   Dim yinit As Integer      'エージェントの初期位置(y座標)
11   Dim x_max As Integer      '迷路の大きさ(行の数)
12   Dim y_max As Integer      '迷路の大きさ(列の数)
13   Dim s As Integer          '現在の状態
14   Dim sd As Integer         '遷移後の状態
15   Dim a As Integer          '行動
16   Dim num_a As Integer      '行動の数
17   Dim num_s As Integer      '状態の数
18   Dim reward As Integer     '報酬
19   Dim Q_max As Double       'Q値の最大値
20   Dim trial_max As Integer  '試行回数
21   Dim step_max As Integer   '1試行における最大ステップ数
22   Dim alpha As Double       '学習率
23   Dim gamma As Double       '割引率
24   Dim epsilon As Double     '行動をランダムに選択する確率
25   Dim Maze As Worksheet     '迷路のワークシート
26   Dim Qtable As Worksheet   'Qtableのワークシート
27   Dim Parameter As Worksheet 'パラメータのワークシート
28
29   Set Maze=Worksheets("Sheet1")
30   Set Qtable=Worksheets("Sheet2")
31   Set Parameter=Worksheets("Sheet3")
32
33   x_max=Parameter.Range("B1")
34   y_max=Parameter.Range("B2")
35   alpha=Parameter.Range("B3")
36   gamma=Parameter.Range("B4")
37   epsilon=Parameter.Range("B5")
38   trial_max=Parameter.Range("B6")
39   step_max=Parameter.Range("B7")
40   yinit=Parameter.Range("B8")
41   y=yinit
42   xinit=Parameter.Range("B9")
43   x=xinit
44   num_a=Parameter.Range("B10")
```

```
45    num_s=x_max*y_max
46    s=xy2s(x,y,x_max)
47
48                      '追加***
49    Dim x_b As Integer          'xの1ステップ前の値
50    Dim y_b As Integer          'yの1ステップ前の値
51    Dim s_b As Integer          'sの1ステップ前の値
52    x_b=x
53    y_b=y
54    s_b=s
55    Dim Maze2 As Worksheet
56    Set Maze2=Worksheets("Sheet4")
57
58    ThisWorkbook.Activate
59    Maze2.Activate
60    Maze2.Cells(x,y).Interior.ColorIndex=8
61
62                      '追加
63    Dim Result As Worksheet
64    Set Result=Worksheets("Sheet5")
65    Dim k As Integer
66    For k=1 To 100 Step 1
67      Result.Cells(k,1)=k
68      Result.Cells(k,2)=0
69    Next k
70
71
72
73
74
75    Randomize
76    Dim i,j As Integer
77
78    For i=1 To trial_max Step 1
79      For j=1 To step_max Step 1
80
81                      '行動の選択
82        If Rnd<epsilon Then
83          a=Int(Rnd*num_a+1)
84        Else
85          a=select_action(s,num_a,Qtable)
86        End If
87
88                      '移動
89        If a=1 Then
90          y=y+1
91        ElseIf a=2 Then
```

```
 92          x=x+1
 93        ElseIf a=3 Then
 94          y=y-1
 95        Else
 96          x=x-1
 97        End If
 98
 99        reward=Maze.Cells(x,y)
100
101        sd=xy2s(x,y,x_max)
102
103                    '追加
104        Maze2.Activate
105        Maze2.Cells(x_b,y_b).Interior.ColorIndex=6
106        Maze2.Cells(x,y).Interior.ColorIndex=8
107        Dim temp As Integer
108        temp=policy(x_b,y_b,s_b,num_a,Qtable,Maze2)
109        s_b=sd
110        x_b=x
111        y_b=y
112        Sleep(100)
113
114                    'Q値の更新
115        Q_max=max_Qval(sd,num_a,Qtable)
116        Qtable.Cells(s,a)=(1-alpha)*Qtable.Cells(s,a)+
                                alpha*(reward+gamma*Q_max)
117
118
119        If reward<0 Then
120                    '失敗　初期状態へ戻って再試行
121          x=xinit
122          y=yinit
123          s=xy2s(x,y,x_max)
124          Exit For
125        ElseIf reward>0 Then
126                    '成功　初期状態へ戻って再試行
127          x=xinit
128          y=yinit
129          s=xy2s(x,y,x_max)
130
131                    '追加
132          Result.Cells(Int((i-1)/20+1),2)=
                 Result.Cells(Int((i-1)/20+1),2)+1
133
134          Exit For
135        Else
136                    '続行
```

```
137         s=sd
138       End If
139
140     Next j
141   Next i
142
143 End Sub
144
145 Function max_Qval(s As Integer,num_a As Integer,
        Qtable As Worksheet)As Double
146   Dim max As Double
147   Dim i As Integer
148
149   max=Qtable.Cells(s,1)
150
151   For i=2 To num_a Step 1
152     If Qtable.Cells(s,i)>max Then
153       max=Qtable.Cells(s,i)
154
155     End If
156
157   Next i
158
159   max_Qval=max
160
161 End Function
162
163
164
165 Function select_action(s As Integer,num_a As Integer,
        Qtable As Worksheet)As Integer
166
167   Dim max As Double
168   Dim i As Integer
169   Dim num_i_max As Integer     '最大値をもつ行動の数
170   Dim i_max()As Integer        '最大値をもつ行動の番号が入る配列
171   ReDim i_max(num_a)
172
173   i_max(1)=1
174   num_i_max=1
175
176   max=Qtable.Cells(s,1)
177
178   For i=2 To num_a Step 1
179     If Qtable.Cells(s,i)>max Then
180       max=Qtable.Cells(s,i)
181       num_i_max=1
```

```
182         i_max(1)=i
183
184       ElseIf Qtable.Cells(s,i)=max Then
185         num_i_max=num_i_max+1
186         i_max(num_i_max)=i
187       End If
188     Next i
189     select_action=i_max(Int(Rnd*num_i_max+1))
190   End Function
191
192
193   Function xy2s(x As Integer,y As Integer,x_max As Integer)As Integer
194
195     xy2s=x+(y-1)*x_max
196
197   End Function
198
199
200
201   Function policy(x As Integer,y As Integer,s As Integer,
        num_a As Integer,Qtable As Worksheet,Maze As Worksheet)As Integer
202
203     Dim Q_max As Integer
204     Dim a As Integer
205
206     Q_max=max_Qval(s,num_a,Qtable)
207     If Q_max>0 Then
208       a=select_action(s,num_a,Qtable)
209       If a=1 Then
210         Maze.Cells(x,y)="→"
211       ElseIf a=2 Then
212         Maze.Cells(x,y)="↓"
213       ElseIf a=3 Then
214         Maze.Cells(x,y)="←"
215       Else
216         Maze.Cells(x,y)="↑"
217       End If
218       policy=1
219       Exit Function
220      End If
221      policy=0
222   End Function
```

参考文献

第1章

[1-1] カレル・チャペック，ヨゼフ・チャペック 著，田才益夫 訳『チャペック戯曲全集』八月舎，2006/11

[1-2] ロルフ・ファイファー，クリスチャン・シャイアー 著，石黒章夫 訳『知の創成―身体性認知科学への招待』共立出版，2001/11

第2章

[2-1] Christopher J.C.H. Watkins, Peter Dayan, Technical Note: Q-Learning, Machine Learning, May 1992, Volume 8, Issue 3–4, pp. 279–292

[2-2] Richard S. Sutton, Andrew G. Barto 著，三上貞芳，皆川雅章 訳『強化学習』森北出版，2000/12

[2-3] 木村 元，Kaelbling Leslie Pack 著「部分観測マルコフ決定過程下での強化学習」人工知能学会誌，Vol.12, No.6 pp. 822-830

[2-4] 伊藤一之，松野文俊，五福明夫 著「強化学習による冗長ロボットの自律制御に関する研究―身体像を考慮した強化学習―」日本ロボット学会誌，2004 年 22 巻 5 号，p. 672-689

第4章

[4-1] ヴイストン 編纂『H8 マイコンによる組込みプログラミング入門―ロボットで学ぶ C 言語』オーム社，2009/6

付　録

[a-1] 伊藤一之 著『ロボットインテリジェンス』オーム社，2007/4

索　引

[は]

[ま]

[ら]

〈著者略歴〉

伊藤一之（いとう　かずゆき）

1973年，岐阜県生まれ．東京工業大学大学院博士後期課程修了後，岡山大学工学部助手を経て，現在，法政大学理工学部電気電子工学科教授．主に，ロボットの知能化に関する研究に従事．日本ロボット学会研究奨励賞，船井情報科学奨励賞，消防庁長官優秀賞，IEEE Intelligent Systems 2012 Best paper award，競基弘賞（学術業績賞）などを受賞．

■主な著書

『ロボットインテリジェンス―進化計算と強化学習―』オーム社，2007/4

実装　強化学習　Cによるロボットプログラミング

平成30年11月10日　　第1版第1刷発行

著　者　伊藤一之
発行者　村上和夫
発行所　株式会社 オーム社
郵便番号　101-8460
東京都千代田区神田錦町3-1
電話　03(3233)0641(代表)
URL　https://www.ohmsha.co.jp/

組版　チューリング　　印刷・製本　三美印刷
ISBN978-4-274-22287-0　Printed in Japan